海岛生态环境调查与评价

桂 峰 樊 超 主 编
赵 晟 邵 卓 赵小慧 副主编

海洋出版社
2018年·北京

内 容 简 介

本书作为海洋环境系列教材之一，主要介绍海岛生态环境调查和评价方面的内容。全书着眼于海岛生态系统的三元结构，从岛陆、潮间带和周边海域三个生态子系统，系统构建了较完整的海岛生态环境调查与评价体系。

主要内容：本书分上、下两篇，共9章，上篇系统介绍海岛自然地理信息、资源与生态环境调查的一般技术、方法及手段；下篇通过单因子评价法、污染综合指数评价法、层次分析法、熵值法等方法，系统介绍海岛生态环境评价的方法体系。

编写特色：本书系国内首次针对海岛环境调查与评价而编写的专业教材，结构安排合理，内容叙述详略得当，语言通俗易懂。

适用范围：本书作为海洋环境专业教材，主要面向高等院校海洋科学、海洋资源与环境等相关专业的本科生，同时也可供从事海岛开发利用与保护、海岛规划与管理、自然资源开发、海洋管理、海洋环境调查与评价等相关科研人员、工程技术人员及政府管理人员阅读和参考。

图书在版编目(CIP)数据

海岛生态环境调查与评价 / 桂峰，樊超主编. —北京 ：海洋出版社，2018.10
海洋环境系列教材
ISBN 978-7-5210-0203-4

Ⅰ.①海… Ⅱ.①桂… ②樊… Ⅲ.①岛-生态环境-环境生态评价-教材
Ⅳ.①X821.203

中国版本图书馆CIP数据核字(2018)第219618号

责任编辑：郑跟娣
责任印制：赵麟苏
出版发行：海洋出版社
网　　址：http://www.oceanpress.com.cn
网　　址：北京市海淀区大慧寺路8号
邮　　编：100081
开　　本：787 mm×1 092 mm　1/16
字　　数：240千字

发 行 部：010-62132549
总 编 室：010-62114335
编 辑 部：010-62100961
承　　印：北京朝阳印刷厂有限责任公司
版　　次：2018年10月第1版
印　　次：2018年10月第1次印刷
印　　张：13.5
定　　价：62.00元

前　言

21世纪是我国全面迈向海洋的新世纪，党的十九大报告提出“坚持陆海统筹，加快建设海洋强国”。同时继续强调重视海洋生态环境保护。海岛是我国推动“一带一路”倡议、建设21世纪海上丝绸之路，坚持对外开放的桥头堡，是壮大海洋经济的重要基地和保障国防安全的战略前沿，对促进我国海洋经济可持续发展、维护国家权益及拓展发展空间具有非常重要的作用。我国海岛具有数量多、分布广、生态独特、资源丰富等特征，是我国经济发展新的重要增长极（点）。然而海岛的生态环境极具脆弱性，据《中国海岛志》记载，20世纪80年代末以来（截至2008年年底），由于炸岛、填海连岛等人为原因，导致海岛消失（注销）数量超过800个［以《全国海岛名称和代码》（HY/T 119—2008）列入的海岛为基准］，约占海岛总数的8%，对海岛及其周边海域生态环境造成严重影响。近年来，围填海工程造成的海岛数量减少，岛礁生态、海湾生态以及滩涂生态破坏亦日趋严峻。在海岛开发利用中，充分考虑其资源环境和生态状态及其变化趋势，已经成为可持续开发和利用海岛的关键因素。

纵观环境评价和海洋调查等相关领域的教材，我们发现，环境评价类教材繁多，海岛调查与评价则主要参照海洋主管部门与环保部门的相关技术规范进行，缺乏系统的、针对性强的海岛生态环境调查和评价专业教材。

作者多年来一直从事与海岛相关的研究工作，专注海岛开发和利用生态压力评价、边远小岛屿水资源弹性评价、海岛生态脆弱性评价等研究领域，先后参与舟山市海岛地名普查、海岛岸线调查、海岛植被调查等项目，完成“舟山市无居民海岛开发利用综合效益评估”“舟山市无居民海岛集中统一管理研究”“海域海岛整治修复项目管理研究”等项目，对海岛开发与保护、海岛生态特征等问题有着深刻而独到的理解。

本教材以海岛生态环境系统为中心，构建了较完整的海岛生态环境调查与评价体系。教材分上、下两篇，共9章。上篇由6章组成，系统介绍海岛自然地理信息、资源与生态环境调查的一般技术、方法及手段。其中，第一章绪论部分，重点阐述海岛的定义、分类体系，定义海岛生态环境系统的三元结构（岛陆、潮间带、周边海域）；第二章是海岛生态环境调查的基础部分，重点介绍海岛自然地理信息调查方法和要求，旨在界定海岛的地理空间位置，并对海岛各自然地理要素的综合体——自然景观进行简单介绍；第三章至第五章，根据海岛三元结构的划分，分别介绍岛陆、潮间带和周边海域生态环境的调查内容、方法和技术；第六章介绍海岛自然灾害调查的内容和方法。下篇由3章组成，分别介绍海岛资源、环境及生态系统的评价方法。其中，第七章侧重单因子环境要素评价；第八章以海岛生态系统的整体性为原则，重点介绍层次分析法、熵值法、综合法在海岛生态系统状态评价中的应用；第九章立足和贯彻可持续发展理念，从海岛开发利用中压力体系的剖析、压力—状态—响应途径分析、生态足迹以及生态系统服务价值评价等方面进行介绍。由此，形成系统的海岛生态环境调查与评价体系。

本教材可供从事海岛开发利用与保护、海岛规划与管理、自然资源开发、环境评价、海洋管理等方面的大专院校师生、科研人员、工程技术人员及政府管理人员阅读与参考。衷心希望本教材能够为有志于从事海岛开发利用与管理专业人才培养工作的相关人士提供理论和实践指导，能够成为海岛开发与管理决策者的参考书目，推动我国海岛开发与保护事业的发展。

参与本教材编写工作的有桂峰、樊超、赵晟、邵卓、赵小慧，具体分工如下：桂峰负责第一章、第二章和第七章以及全书的统稿工作；樊超负责第三章至第六章的编写；赵晟负责第八章和第九章的编写。邵卓、赵小慧负责文字及图表编辑工作。

本教材由浙江海洋大学教材出版基金资助出版。本教材的完成得到了国家海洋局第二海洋研究所相关老师的帮助以及其他同事的支持，在此表示衷心感谢。本教材汇集引用了海岛调查规范、环境调查与评价、生态系统调查与评价等方面大量规范、标准和学术研究成果，在此也一并感谢。

本教材内容广泛，涉及学科众多，编写期间既参考了前人大量的研究成果，也融合了编写人员多年的研究成果与实践经验，书中不足之处在所难免，敬请读者批评指正。

编　者

2017 年 12 月

于浙江海洋大学

目 录

上篇 海岛生态环境调查

下篇　海岛生态环境评价

上 篇

海岛生态环境调查

海岛生态系统表现为典型的三元结构，本书从海岛生态系统完整性角度考虑，在空间范围上将海岛生态系统划分为岛陆、潮间带及周边海域三个子系统，本书所指海岛生态环境包括这三个子系统的生物及非生物环境。按照具体环境要素，每个子系统再细分为不同的亚环境：海岛岛陆生态环境包括岛陆水环境、岛陆大气环境、岛陆土壤环境及岛陆生物环境；潮间带生态环境包括沉积环境、生物环境及潮间带典型生态系统等；海岛周边海域生态环境包括海域水环境、沉积环境、生物环境及近岸典型生态系统。本篇所讲内容海岛生态环境调查，即针对上述各个子系统的生物及非生物组成部分的调查。

第一章　绪　论

☞ [教学目标]

海岛是重要的海洋国土，本章主要介绍海岛的基本概念。通过本章内容讲解，主要学习以下知识点：①掌握海岛的定义及基本分类体系；②了解海岛的价值；③掌握海岛生态环境相关概念；④了解我国海岛调查的概况及海岛生态环境现状。

第一节　海岛的基本概念

“海岛”，汉语中相近词语包括礁、沙洲、沙、砣、墩、山、屿等。不同学科所指的海岛定义不尽相同。在对海岛生态环境进行调查之前，有必要先明确海岛的定义，厘清海岛、岩礁等基本概念。

一、海岛的定义

(一)海岛

《海洋学术语　海洋地质学》(GB/T 18190—2000)称：海岛是指散布于海洋中面积不小于500 m^2的小块陆地。《中华人民共和国海岛保护法》规定：海岛是指四面环海水并在高潮时高于水面的自然形成的陆地区域，包括有居民海岛和无居民海岛。1982年《联合国海洋法公约》第121条明确规定：“岛屿是四面环水并在高潮时高于水面的自然形成的陆地区域。”具体海洋管理实践中，则多数参考相关技术规程。

注：根据我国2011年版《海岛界定技术规程》：

面积不小于500 m^2的海岛，无论其与相邻大陆或海岛相隔多少距离均认定为独立地理统计单元的海岛。

面积小于 500 m^2的海岛，按照单礁型海岛(简称单岛)和丛礁型海岛(简称丛岛)两种分布形态界定。以海岸线为基线，以 $L=50$ m 间距划定扩展区。

(1)当单礁型海岛扩展区与大陆或面积不小于 500 m^2 海岛的岸线均不相交，则界定该单礁型海岛为独立地理统计单元的海岛；反之，两者相交，则该单礁型海岛成为大陆或面积不小于 500 m^2海岛的一部分，不作为独立地理统计单元的海岛。

(2)当任一海岛扩展区与相邻海岛的岸线相交，则相交的数个海岛界定为一个丛礁型海岛单元。当丛礁型海岛单元内所有海岛的扩展区不与大陆或面积不小于 500 m^2 海岛岸线相交，则该丛礁型海岛单元界定为一个独立统计单元的海岛；反之，存在丛礁型海岛单元与大陆或面积不小于 500 m^2 海岛岸线相交，则不作为独立地理统计单元的海岛。

(3)对一些具有特殊意义的、面积小于 500 m^2 的单礁型海岛或丛礁型海岛单元内的海岛(如领海基点所在岛屿、具有重要人文或景观价值岛屿等)，不受扩展区距离的限制，予以特别界定。

(二)岩礁

1982 年《联合国海洋法公约》第 121 条第 3 款规定，将不能维持人类居住和本身经济生活的岩礁排除在产生扩展海洋区域的权利之外。依据 1982 年《联合国海洋法公约》第 121 条，岩礁(Rock)可以定义为：“自然形成”“四面环水、高潮时露出水面”以及“不能支持人类居住或者本身经济生活”的“陆地”。岩礁只可产生领海和毗连区，不具有大陆架或专属经济区，如日本的冲之鸟礁(图 1-1)。

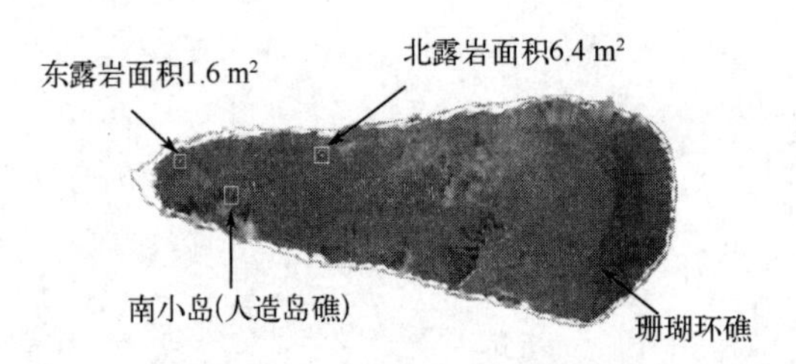

图 1-1　日本冲之鸟礁(最高潮时，北露岩露出海面 16 cm，东露岩露出海面 6 cm)

(三)低潮高地

1982 年《联合国海洋法公约》第 13 条规定，低潮高地是在低潮时四面环水并高于水面但在高潮时没入水中的自然形成的陆地。如果低潮高地全部或部分与大陆或岛屿的距离不超过领海的宽度，该高地的低潮线可作为测算领海宽度的基线。如果低潮高地全部与大陆或岛屿的距离超过领海的宽度，则该高地没有其自己的领海。

本书所称海岛以 1982 年《联合国海洋法公约》的规定为准，海岛系指海洋中四面环水、高潮时高于海面、自然形成的陆地区域。高潮时海面出露的原称为“礁”和“沙”的自然形成的陆域均认定为“海岛”。

二、海岛的分类

在我国主张管辖的3×10^6 km²海域上，分布着逾万个海岛，这些海岛大小不一，星罗棋布，几乎包含了世界海岛分类的所有类型。根据海岛的形成原因、分布形态、面积大小等自然属性及管理属性，可将我国海岛进行不同的分类，其分类体系如图1-2所示。

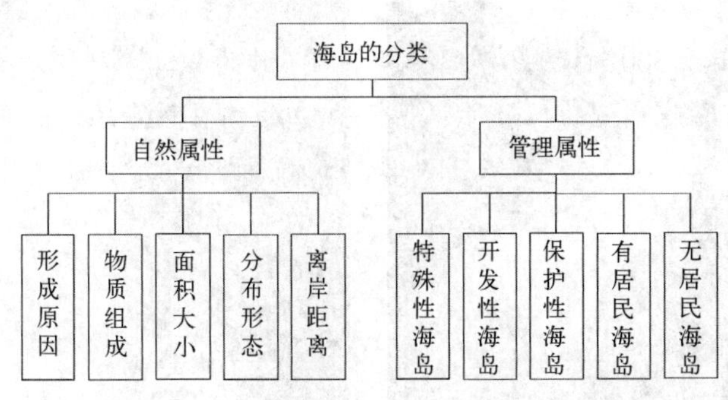

图1-2　我国海岛分类体系

（一）按海岛自然属性分类

根据海岛的自然属性将其按形成原因、物质组成、面积大小、分布形态、离岸距离五种不同要素的差异进行分类。

1. 按海岛形成原因分类

按照海岛的形成原因，海岛可分为大陆岛、海洋岛和堆积岛。

1）大陆岛

大陆岛（Continental island）是大陆地块延伸到海底，并出露海面而形成的岛屿。它原是大陆的一部分，因海面上升或地面沉降与大陆分离。我国绝大部分海岛属于大陆岛。大陆岛按成因又可进一步划分为构造岛、冰碛岛和冲蚀岛。

（1）构造岛。构造岛是因大地构造作用而形成的岛屿，通常因断层、地壳下沉或海水侵入使沿岸地区一部分陆地与大陆分离而形成岛屿，如我国的台湾岛、海南岛，北美的纽芬兰岛等。有的因陆地分裂、漂移，部分陆地通过海峡与大陆隔离形成岛屿，如非洲东南部的马达加斯加岛因莫桑比克海峡与非洲大陆隔离而成，我国的台湾岛因台湾海峡与大陆隔离而成。

（2）冰碛岛。冰碛岛是由冰碛物堆积而成的岛屿。原为大陆冰川下游冰碛物堆积区，后因间冰期气候变暖，冰川融化导致海平面上升，冰碛区同大陆分离形成岛屿，如美国东北部沿岸和欧洲波罗的海沿岸的一些岛屿(图 1-3)。我国仅在山东青岛崂山东侧发现冰碛海岸带。

(3)冲蚀岛。冲蚀岛是由海蚀作用与大陆分离形成的岛屿。冲蚀岛如果侵蚀条件不变，在波浪作用下很容易消失。冲蚀岛的面积很小，存在的时间也较短，组成岛屿的岩性与构造均与相邻的陆地完全相同，如我国大连的棒棰岛(图 1-4)。

图 1-3 冰碛岛——波罗的海沿岸岛屿

(图片来源：中国国家地理网站)

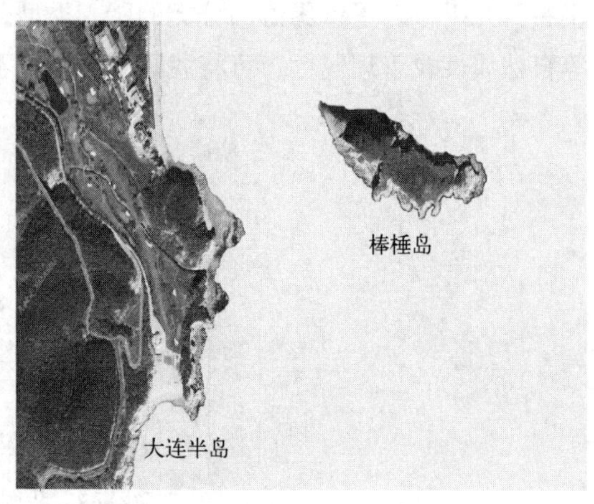

图 1-4 冲蚀岛——大连棒棰岛

2)海洋岛

海洋岛(Oceanic island)是在海洋中自行生成的岛屿，又称大洋岛，按其成因又可分为火山岛和珊瑚岛。海洋岛是海岛火山或珊瑚礁堆积出露海面而形成的岛屿，其形成与大陆没有直接联系。如我国东海外围的钓鱼岛群岛及南海的黄岩岛。

图 1-5 火山岛 —— 漳州南碇岛

(图片来源：中国国家地理网站)

(1)火山岛。火山岛(图 1-5)是由海底火山的喷发物堆积形成的岛屿。火山岛的平面形态多样：有的是由多个火山丛聚在一起形成的近似圆形的岛屿，如斐济群岛中的维提岛；有的近似方形，如亚速尔群岛中的特塞拉岛；有的呈团状，如冰岛。火山岛通常地势高峻陡峭，主要分布在太平洋中西部、印度洋西部和大西洋东部。此外，火山岛具有土地肥沃、岸边多隐蔽优良港湾等特点，常被建成军事基地和国际港口，如夏威夷群岛中瓦胡岛上的珍珠港。世界最大的火山岛为冰岛，面积 1.03×10^5 km^2，包括200多座活火山；我国的火山岛大都远离大陆，数量较少，面积不大，约占全国海岛总数的0.1%，绝大部分分布于我国东海海域，如赤尾屿、黄尾屿、钓鱼岛(有淡水资源)、大南小岛、大北小岛、南小岛、北小岛和飞赖岛。我国最大、最年轻的火山岛为广西北部湾的涠洲岛。

(2)珊瑚岛。珊瑚岛(图1-6)是指由珊瑚构成的岩岛，或在珊瑚礁上堆积珊瑚碎屑等形成的沙岛。珊瑚岛的基础是珊瑚礁，多位于海底火山顶部或石质浅海底，由珊瑚虫遗体或少量石灰藻、贝壳等长期胶结而成。珊瑚岛一般面积较小，四周被大面积珊瑚礁群环绕，暗礁和堡礁多生长在石质浅海底上，其上珊瑚岛周边水深较浅；环礁上的珊瑚岛呈环状分布，中间有环礁潟湖，环礁以外海底通常坡度较大。珊瑚岩岛为珊瑚礁裸露海面部分，地势不高，但不平坦，表面存在珊瑚灰岩溶蚀的沟槽、陷穴等地貌；珊瑚沙岛是由珊瑚岩岛经潮汐、波浪长期冲刷形成，地势低平，有珊瑚碎屑组成的古岸堤、沙丘，有的仍残存灰岩溶蚀沟槽和陷穴。世界最大的珊瑚堡礁为澳大利亚的大堡礁，长2 000 km，宽19.2 ~ 240 km；最大的珊瑚环礁为夸贾林环礁，礁长283 km，所围潟湖面积2 850 km^2。我国南海诸岛除高尖石岛外，都属于珊瑚岛，其中最大的为西沙群岛中的永兴岛。

图1-6　珊瑚岛——三沙市珊瑚岛

3)堆积岛

堆积岛(Deposition island)又称冲积岛，是河流携带泥沙在河流入海口堆积形成的海岛。海洋中的堆积岛可分为河口堆积岛和沙嘴堆积岛，例如长江河口的崇明岛是我国最大的堆积岛。堆积岛一般地势低平，主要由细砂和黏土质粉砂组成，岛的形状、大小变化迅速，陆源碎屑物质来源丰富时期，沙岛面积往往扩张迅速。

(1)河口堆积岛。河口堆积岛一般形成于含沙量大或入海处河口较宽的河流与海洋交汇处。携带大量泥沙的河流在入海口时因水面变宽，流速减缓，大量泥沙迅速沉积形成浅滩、堆积成岛屿。但这种岛屿很不稳定，继续堆积可与大陆连接成三角洲，洪水期可被洪水切割成新的堆积岛，如我国黄河口处的岛屿。此外，含沙量不大但河流入海口处急剧变宽的河流，由于河水流速迅速下降，长期少量泥沙沉积，亦可堆积成岛屿或浅滩，如我国的崇明岛在公元7世纪时逐渐形成，岛屿面积现已超过1 000 km^2。

(2)沙嘴堆积岛。沙嘴堆积岛指沙嘴被潮汐、波浪、海流冲刷切割而成的岛屿，也可以是在沙嘴形成以前尚未连成沙嘴的海岛，如河北省的曹妃甸。这种堆积岛在潟湖海岸地区分布最多，常受沿岸流影响，顺岸方向呈串珠状排列，如墨西哥湾潟湖海岸边的岛屿。

2. 按海岛物质组成分类

按照海岛的物质组成，海岛可分为基岩岛、珊瑚岛和泥沙岛。

1)基岩岛

基岩岛(图1-7)指大陆地块延伸到海洋并露出海面，由基岩构成的海岛。我国93%以上的海岛属该类型，东海绝大部分岛屿属此类型。基岩岛的组成物质主要是基岩，岛陆地形以剥蚀侵蚀丘陵为主，地形起伏；海岸类型在岛屿迎风面属侵蚀型基岩海岸，背风面多为侵蚀-堆积型基岩海岸。我国沿海省份除河北省和天津市无基岩岛外，其余各省份均分布有基岩岛，其中浙江省数量最多。

2)珊瑚岛

珊瑚岛指由海洋中造礁珊瑚的钙质遗骸和石灰藻类生物遗骸堆积形成的海岛，分为岸礁、堡礁和环礁三种。我国南海诸岛(除高尖石岛)、澎湖列岛都是在海底火山上发育而成的珊瑚岛。

3)泥沙岛

泥沙岛(图1-8)指由于泥沙运动堆积或侵蚀形成的海岛。这类海岛一般分布在河口区，地势平坦。我国泥沙岛约占全国海岛总数的6%，其中河北省最多，山东省次之。

图1-7　基岩岛 —— 舟山东福山岛

(图片来源：《普陀国家级海洋公园选划论证报告》)

图1-8　泥沙岛 —— 上海崇明岛

(图片来源：中国国家地理网站)

3. 按海岛面积大小分类

2011 年版《海岛界定技术规程》规定，海岛按其面积大小可分为特大岛、大岛、中岛、小岛和微型岛，具体分类见表 1-1。

表 1-1 我国海岛按面积分类

岛屿类型	面积大小	数量	举例
特大岛	≥2 500 km^2	2 个(台 1、琼 1)	台湾岛、海南岛
大岛	≥100 km^2，<2 500 km^2	14 个(粤 4、闽 4、浙 3、沪 2、港 1)	崇明岛、舟山本岛
中岛	≥5 km^2，<100 km^2	121 个(浙 40、粤 23、闽 26、鲁 9、台 9、辽 8、港 6)	金塘岛、朱家尖岛
小岛	≥500 m^2，<5 km^2	>10 000 个	东福山岛、庙子湖岛
微型岛	<500 m^2，包括单礁型岛和丛礁型岛	—	—

4. 按海岛分布形态分类

按其分布形态，海岛可分为岛、群岛和列岛。

1) 岛

岛是海岛最基本的组成单元，既可以组成群岛或列岛，也可以单个或几个组成相对独立的孤岛。

2) 群岛

群岛指海洋中彼此距离较近的、成群分布在一起的岛屿。我国共有 10 个群岛，分别是长山群岛、庙岛群岛、舟山群岛、南日群岛、万山群岛、川山群岛、东沙群岛、西沙群岛、中沙群岛和南沙群岛。群岛既是岛屿构成的核心，也是岛屿组成的最高级别。群岛往往包括若干个列岛，如万山群岛由万山列岛、担杆列岛、佳蓬列岛、三门列岛、隘州列岛和蜘蛛列岛组成；舟山群岛是我国最大的群岛，由崎岖列岛、中街山列岛、马鞍列岛等 8 个列岛组成。群岛的本岛往往形成岛屿开发的中心，也形成该区的政治、经济和文化中心。

3) 列岛

列岛指呈带状或弧状排列分布的岛链。我国主要列岛见表 1-2。

表 1-2　我国主要列岛名录

省份	地区	列岛名称
浙江省	舟山（图 1-9）	嵊泗列岛、崎岖列岛、中街山列岛、马鞍列岛、川湖列岛、浪岗山列岛、火山列岛、梅散列岛
	温州	南麂列岛、北麂列岛、洞头列岛、大北列岛
	台州	台州列岛
	宁波	韭山列岛、渔山列岛、半招列岛
福建省	宁德	台山列岛、福瑶列岛、七星列岛、四礵列岛
	福州	白犬列岛、马列组列岛、东洛列岛
	莆田	虎狮列岛、十八列岛
	漳州	菜屿列岛
台湾省	—	澎湖列岛
海南省	文昌	七洲列岛
辽宁省	大连	大长山列岛
广东省	汕头	南澎列岛、勒门列岛
	惠州	中央列岛
	珠海	香山列岛、隘洲列岛、湾洲列岛

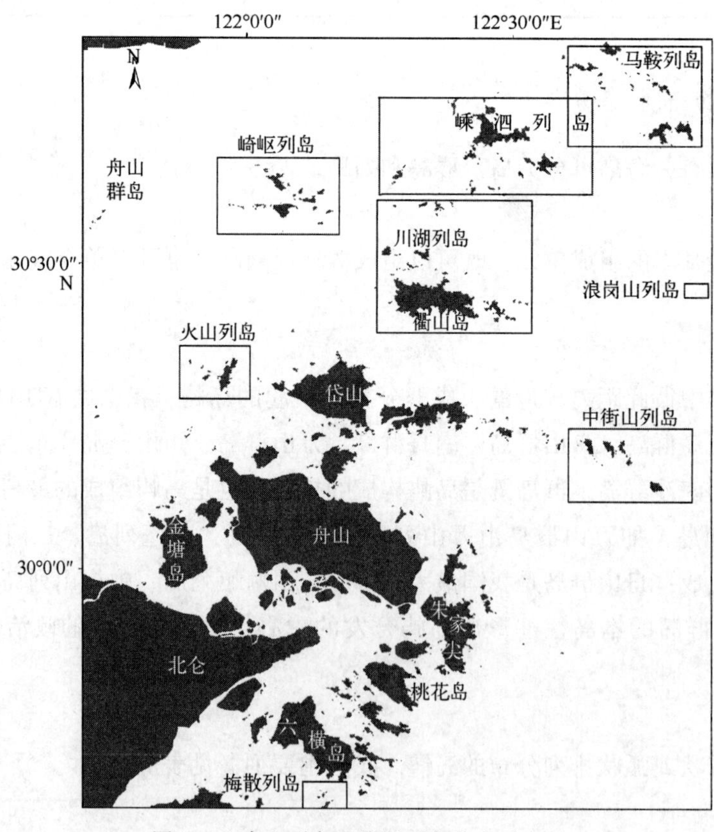

图 1-9　舟山群岛及附属列岛分布示意图

5. 按海岛离岸距离分类

按照海岛的离岸距离划分，海岛可分为陆连岛、沿岸岛、近岸岛和远岸岛。

1) 陆连岛

陆连岛是以连岛坝、桥梁与大陆相连的岛屿。周围有自由水力联系的应为海岛。对于以人工堤坝、道路与陆地相连的陆连岛，可根据堤坝和道路所占岛屿岸线的比例而定，小于1/4，则按海岛进行调查和统计；大于1/4，已成为半岛形态，则按大陆海岸带进行调查和统计。

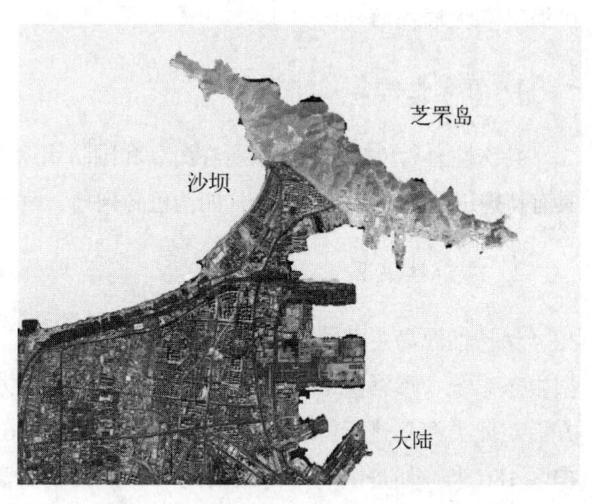

图 1-10　陆连岛 —— 烟台芝罘岛

我国陆连岛的数量约占全国海岛总数的1%。例如，山东的芝罘岛(我国最大的陆连岛，图 1-10)、小青岛、凤凰尾岛等；江苏的羊山岛；福建的厦门岛、东山岛；浙江的玉环岛；广东的海山岛、黄毛洲、金鸡岛；广西的龙门岛。

2) 沿岸岛

沿岸岛是指分布位置距离大陆小于10 km的海岛。我国沿岸岛的数量占海岛总数的66% 以上，其中浙江最多，福建次之，其后依次为广东、广西、山东、辽宁等。由于距离大陆近，沿岸岛开发利用程度一般较高。

3) 近岸岛

近岸岛指分布位置距离大陆 10 ~ 100 km 的海岛。我国近岸岛的数量约占海岛总数的27%，其中浙江最多，福建次之，其后依次是广东、海南、辽宁等。

图 1-11　远岸岛 —— 钓鱼岛

(图片来源：国家海洋局网站)

4) 远岸岛

远岸岛(图 1-11)指分布位置距离大陆100 km 以上的海岛。远岸岛的数量占我国海岛总量的5% 左右。此类海岛远离大陆，交通不便，但在与邻国或相向国家海域划界时具有重要意义。我国远岸岛主要分布在海南省东部、西部和南部，广东省东沙群岛及我国台湾地区。

(二)按海岛管理属性分类

除了根据不同自然要素对海岛进行分类外，还可以根据不同的海岛管理要素将海岛分为特殊性海岛、保护性海岛、开发性海岛以及根据海岛所在地是否具有居民户籍分为有居民海岛和无居民海岛。

1. 特殊性海岛

特殊性海岛包括领海基点所在海岛和国防用途海岛。此类海岛在国防、国家领土划分方面具有特殊用途或特殊保护价值，如钓鱼岛列岛、西沙群岛中的永兴岛及中沙群岛中的黄岩岛等。

2. 保护性海岛

保护性海岛主要指海洋自然保护区内的海岛。主要从地形地貌的保护、植被保护、典型生态系统、珍稀濒危与特有物种保护、海岛淡水资源保护及周边海洋生态环境的保护等方面对此类海岛进行综合保护与管理。截至 2016 年年底，我国已建成涉及海岛的各类保护区 186 个，如舟山的中街山列岛、嵊泗列岛及温州的南麂列岛等。

3. 开发性海岛

开发性海岛指以开发利用海岛资源为目的的用岛。有居民海岛的开发、建设应当遵守有关城乡规划、环境保护、土地管理、海域使用管理、水资源和森林保护等法律、法规的规定，保护海岛及其周边海域生态系统。

财政部、国家海洋局印发的《无居民海岛使用金征收使用管理办法》附录中，将无居民海岛开发利用分为旅游娱乐用岛、交通运输用岛等(表 1-3)。

未经批准利用的无居民海岛，应当维持现状，禁止采石、挖海砂、采伐林木以及进行生产、建设、旅游等活动。涉及利用特殊用途无居民海岛，或者确需填海连岛以及其他严重改变海岛自然地形、地貌的，须由国务院审批。

无居民海岛在开发利用过程中应制定海岛生态保护方案，包括建设过程和运营期生态保护方案或措施，涉及海洋生态红线区、沙滩、珍稀濒危与特有物种及其生境、自然景观和历史、人文遗迹的，应列为保护对象，划定保护范围，明确保护措施和保护要求。

表 1-3　我国无居民海岛用岛类型界定

类型名称	界定
填海连岛用岛	指通过填海造地等方式将海岛与陆地或者海岛与海岛连接起来的用岛
土石开采用岛	指以获取无居民海岛上的土石为目的的用岛
房屋建设用岛	指在无居民海岛上建设房屋及配套设施的用岛
仓储建筑用岛	指在无居民海岛上建设用于存储或堆放生产、生活物资的库房、堆场和包装加工车间及其附属设施用岛

续表

类型名称	界定
港口码头用岛	指占用无居民海岛空间用于建设港口码头的用岛
工业建设用岛	指在无居民海岛上展示工业生产及建设配套设施的用岛
道路广场用岛	指在无居民海岛上建设道路、公路、铁路、桥梁、广场、机场等设施的用岛
基础设施用岛	指在无居民海岛上建设除交通设施以外的用于生产活动的基础配套设施的用岛
景观建筑用岛	指以改善景观为目的的在无居民海岛上建设亭、塔、雕塑等建筑的用岛
游览设施用岛	指在无居民海岛上建设索道、观光塔台、游乐场等设施的用岛
观光旅游用岛	指在无居民海岛上不改变海岛自然状态的旅游活动的用岛
园林草地用岛	指通过改造地形、种植树木花草和布置园路等途径改造无居民海岛自然环境的用岛
人工水域用岛	指在无居民海岛上修建水库、水塘、人工湖等用岛
种养殖业用岛	指在无居民海岛上种植农作物、放牧养殖禽畜或水生动植物的用岛
林业用岛	指在无居民海岛上种植、培育林木并获取林产品的用岛

4. 按户籍要素分类

通常按所在海岛是否存在居民户籍，将海岛划分为有居民海岛和无居民海岛。无居民海岛是指不属于居民户籍管理的住址登记地的海岛；有居民海岛是指属于居民户籍管理的住址登记地的海岛，按行政等级可分为省级岛、地级市岛、乡级岛、村级岛、自然村岛。我国省级岛有海南岛、台湾岛；地级市岛有舟山本岛和三沙永兴岛；16 个海岛县级市(区)为浙江定海区、普陀区、岱山县、嵊泗县、玉环县、洞头区；上海崇明区；台湾澎湖县；辽宁长海县；山东长岛县；福建平潭县、东山县、金门县、鼓浪屿区；广东南澳县、万山县。

三、海岛的价值

海岛是重要的海洋国土，是特殊的海洋资源与环境的复合载体，是海洋生态系统的重要组成部分。海岛是发展海洋经济的桥头堡，对海洋经济的发展起着重要的推动作用。对一国而言，享有海岛的主权，对其进行保护与开发利用有着巨大的政治与经济意义。随着 1982 年《联合国海洋法公约》的生效以及世界范围内人口、资源、环境问题的日渐凸显，海岛特殊的价值、地位及稀缺性成为各国争夺的焦点。沿海各国纷纷从国家发展战略、海洋立法、海洋管理和海上力量等方面加强对海洋的控制。我国提出“一带一路”倡议，建设 21 世纪海上丝绸之路，大步迈向蓝色海洋，创新探索海洋经济。我国的海岛开发与利用正面临着前所未有的机遇与挑战。

(一)海岛的领土空间价值

随着 1982 年《联合国海洋法公约》的生效，$3.6 \times 10^8\ km^2$的海洋被划分为 5 个法律地位不同的政治地理区域：领海、专属经济区、大陆架、公海和国际海底(图 1-12)，其中划归沿海国管辖的为 1.09×10^8 km^2。海岛在确定国家领海基线，划分内水、领海、毗连区和专属经济区时具有关键作用。根据公约规定，凡有人居住、可以维持经济生活的岛屿可以和大陆一样划定 12 n mile 领海、200 n mile 专属经济区(图 1-13)和按自然延伸原则扩展到大陆架边缘的更加广阔的大陆架。按此规定，一个满足以上条件的海岛可以拥有 43×10^4 km^2的专属经济区和更广阔的大陆架。维护海岛安全就是维护海洋国土安全。

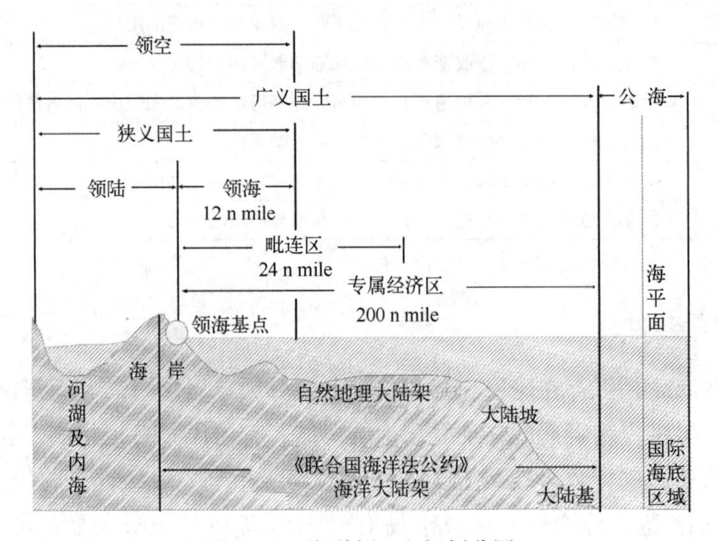

图 1-12 海洋领土空间划分图

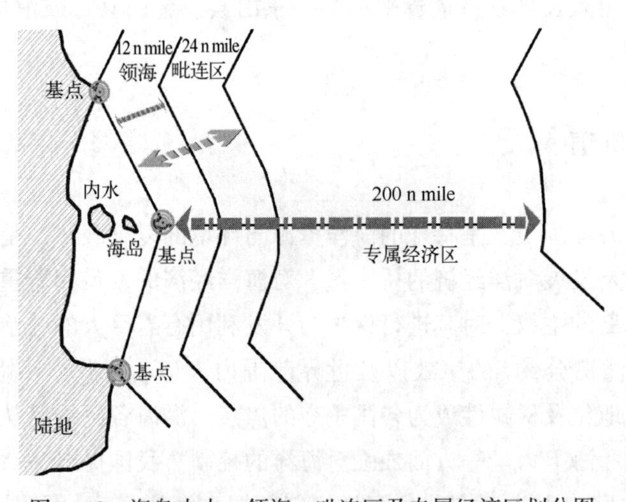

图 1-13 海岛内水、领海、毗连区及专属经济区划分图

(二)海岛的国防军事价值

海岛是国防安全的天然屏障，具有重要的军事利用价值。可在海岛建设军事驻地、军

事训练基地及布置相应的军事设施。我国的海岸线绵延数千千米，由海岛组成的岛弧或岛链构成了我国海岛的第一道国防屏障，如长山群岛、庙岛群岛、舟山群岛、万山群岛和南海诸岛都是我国的国防要塞。

(三)海岛的交通通信价值

沿岸岛与近岸岛在沿海海上交通运输中有着重要的作用。沿岸具有水深优势的海岛，往往能建成深水良港，如舟山群岛拥有大量15 m以上的等深岸线，上海港、宁波-舟山港这类国际性大港均建立在此深水岸线资源上。此外，一些自然条件较好的远岸岛可建成跨洋交通线和通信线的中继站，如我国三沙市永兴岛，具有重要的交通、通信价值。

(四)海岛的旅游资源价值

我国沿海海岛分布众多，种类齐全，旅游资源十分丰富。沿海地区经济发达，游客客源充足，交通设施较为便利，对发展海岛旅游业起到正外部经济性的作用。如舟山群岛(图1-14)背靠长三角，游客腹地广，普陀山、中街山列岛等海岛因自然景观独特、人文气息浓厚，旅游业发达，旅游业在当地产业中占据较高的比重。

图1-14　舟山朱家尖南沙沙雕

(五)海岛的自然资源价值

特大岛和大岛存在丰富的土地资源，按土地利用现状情况，有滩涂用地、林地、草地等；部分海岛周边海域及专属经济区内存在着丰富的油气资源和渔业资源，如南沙群岛的海底石油、天然气，钓鱼岛及其附属岛屿周边海域的海底石油、渔业资源；海岛可能存在大量珍稀生物资源，如红树林、珊瑚礁等生态系统。

第二节　海岛生态系统

“生态系统”(Ecosystem)一词由英国生态学家Tansley于1935年首次提出，他把生物及其非生物环境看作互相影响、彼此依存的统一体。现代将生态系统定义为：在一定空间内，生物成分和非生物成分通过物质循环和能量流通，互相作用、互相依存、互相调控而构成的一个生态学功能单位。生态系统非生物环境包括无机物质、有机化合物、气候因素、特定环境因素及生境格局等；生态系统生物构成可分为三大功能类群：生产者、消费者和分解者。对海岛的生态环境调查，即是对海岛生态系统中的生物及非生物要素的调查。

一、海岛生态系统的概念

（一）海岛生态系统的定义

《中华人民共和国海岛保护法》中，海岛及其周边海域生态系统是指由维持海岛存在的岛体、海岸线、沙滩、植被、淡水和周边海域等生物群落和非生物环境组成的有机复合体。

海岛生态系统是海岛及受其影响的整个环境，不仅包括岛陆部分，还包括其水下部分及周边一定范围的海域。其中，陆域部分包括海岛上的土壤、植被、景观等方面的资源；海域部分包括一定范围内的水文、气象、生物、化学等方面的环境状况以及渔业、旅游等方面的资源(高俊国，2007)。在空间上形成典型的三元结构形式——岛陆、潮间带和周边海域，其中潮间带是岛陆和周边海域的过渡地带。

（二）海岛生态系统的特征

1. 脆弱性

海岛的地理位置决定其自然灾害频发，如风暴潮、台风、暴雨、干旱、突发性的地震和海啸等，同时受气候异常影响较大(如海平面上升、全球变暖和气候变迁)。海岛四周环海，无过境客水，淡水资源基本上靠大气降水，但绝大部分海岛陆域面积狭窄，集雨面积有限，难以形成水系；大多数海岛地形以基岩丘陵为主，岩层富水性弱，承压淡水及潜水的范围小、截水条件差，地表径流大都直接入海，因此海岛淡水资源极其匮乏。

海岛土地资源数量有限、土地贫瘠，受海浪和海风侵蚀远比陆地严重，造成岛屿水土流失严重、土壤肥力缺乏、土地资源短缺。此外大量开采海滩泥沙、珊瑚礁，滥伐红树林以及不合理的海岸工程设置均会引起海岸侵蚀。由于自然条件不佳，初级生产者较少，造成海岛生态系统群落组成单一，结构简单，生物多样性低，稳定性差，抗干扰能力弱，环境承载力有限，一旦受自然灾害影响和人为扰动，生态环境遭到破坏就很难恢复。

海岛生物因缺少掠食动物或天敌，侵略性较小，扩散能力较弱，因此当有外来生物侵入时，本地物种极易造成生物灭绝。根据1600年以来已知的灭绝物种(哺乳动物、鸟类，图1-15)可以得出，海岛生态系统较大陆更为脆弱，由于人类活动对海岛环境的扰动，造成海岛物种灭绝数量剧增。

自然因素侵蚀等活动致使岛屿在长期的地质过程中处于动态变化中，岛屿生态系统较不稳定，环境容量相对有限。影响岛屿物种分布与群落演替的各种因子并不是独立作用，尤其是岛屿种群在相对面积较小、环境多变以及人为干扰带来的生物入侵等因素影响下，更有较高的灭绝风险，易因外地种入侵而导致本地种灭绝。MacArthur 和 Wilson 提出的平

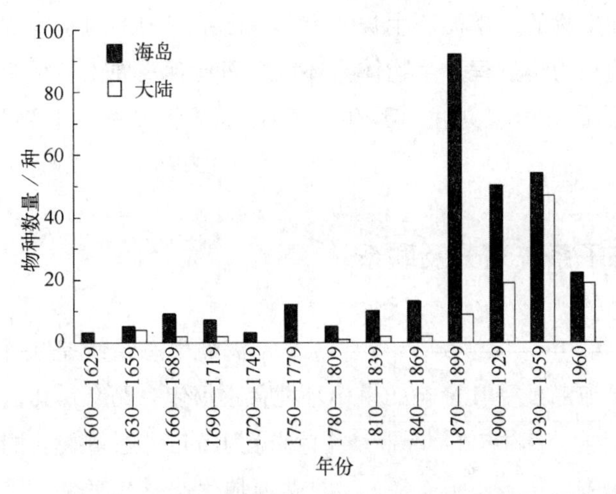

图 1-15　1600 年以来，岛屿及大陆鸟类、哺乳动物类物种灭绝时间序列

（图表来源：Diamond，2005）

衡学说认为：岛上的物种数量主要决定于物种迁入数和灭绝数两者间的平衡。

根据岛屿生物学理论：生物生境都是有着明显边界的生态系统，可以看作大小、形状以及隔离程度不同的岛屿。岛屿与大陆上的栖息地斑块在岛屿化程度上差异较大，远洋海岛上多具有远距扩散能力的物种。物种少，减弱了种间竞争，但种内竞争再加上岛上存在可充分利用的各种生态位，这便造成明显的辐射适应现象。迁入的种数因迁入的距离而异，距离迁入源越近，迁入种越多。另一方面，灭绝的种数则随岛屿面积而变，岛屿越小，种群内部越不稳定，灭绝得越快(卢彦，2011)。

2. 独立性和完整性

海岛生态系统虽然所处自然环境恶劣，且比较脆弱，可修复性差，但从生态学角度看，仍具有相对独立性和完整性。

海岛四周环海，使得每个海岛都相对成为一个独立的生态环境地域小单元，同时由于海岛一般面积狭小，地域结构简单，物种来源受限，一般具有特殊的生物群落，保存了一批独特的珍稀物种，从而形成了其独特的生态系统。

此外，许多现存的或化石状的岛屿新物种不断被岛屿生物地理学家发现，岛屿正呈现出生物多样性“热点”。

海岛生态系统组成简单，但系统结构完善，主要表现为生境多样性，拥有岛陆、潮间带及岛陆周边海域三个子系统。其食物链结构完整，能量循环和物质流动循环较为稳定。

3. 耗散结构性

首先，海岛生态系统是一个开放系统，系统中的植物、动物、微生物不断地与周围环境进行着物质和能量交换，且受环境因素的影响较大；其次，海岛生态系统处于远离平衡的非线性区。海岛生物的四季循环生长，为非平衡系统中的时空有序态；再次，海岛生态系统具有非线性的动力学过程，生物体与环境之间具有一种正负反馈的机制，同时其种群与种群之间，存在着竞争、共生、互生、寄生等复杂关系，生物种群按非线性规律增长。

二、海岛生态子系统划分及联系

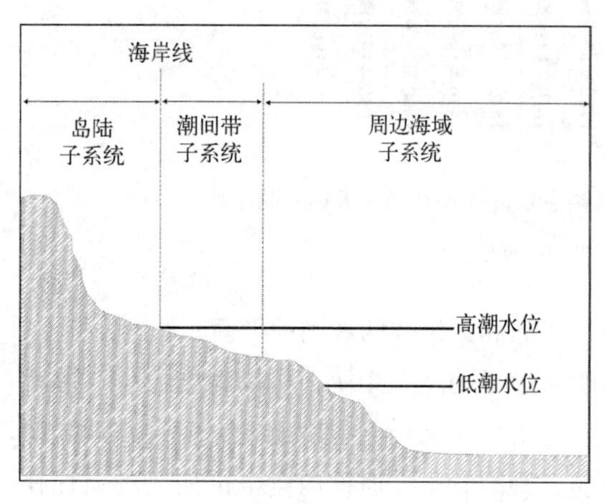

图 1-16　海岛生态子系统划分示意图

海岛生态系统是一个复杂的一级系统，对应三元结构理论，其内部又可按组成成分划分为岛陆生态系统、潮间带生态系统及周边海域生态系统三个二级子系统(图 1-16)。海岛岛陆指海水高潮时海岛露出海面部分；海岛潮间带指高潮线以下、低潮线之上的海岛陆域与水域交汇处；海岛周边海域指分布在岛陆周围较浅的海水区域。海岛岛陆、潮间带及海岛周边海域各子系统功能明确，在生物构成、资源与环境状况、生境格局等方面存在很大的差异。

(一)岛陆生态系统

岛陆生态系统为海岛生态系统中的陆地部分(图 1-17)，面积一般较小，物种的丰富程度不及大陆，生物种类主要为哺乳类、鸟类、昆虫、植物等，其生态系统结构和功能比陆地更为简单，而且易受自然灾害的干扰和破坏，生态系统较为脆弱，恢复力也比较弱。我国海岛岛陆土壤以淋盐土为主，经长期雨水淋溶逐渐脱盐，草本植物生长茂盛，继而滨海盐土可能变为潮土。岛陆一般地形地貌简单，生态环境条件严酷，植被建群种种类贫乏，优势种相对明显。岛陆生态系统的生境类型一般有林地、园地、农田、水域等。岛陆受人类生产、生活干扰影响较为显著。

图 1-17　舟山庙子湖岛岛陆

土壤是岛陆生态系统的基础，为岛陆植被提供所必需的矿物质元素、水分和有机质，具有促进岛陆碳循环、水循环、维持生态平衡等服务功能。土壤的生态服务价值体现在促进岛陆生态系统内的物质流动与能量循环。

森林植被是岛陆生态系统的主体(图1-18)，是自然功能最完善、最强大的资源库、基因库和蓄水库，具有调节气候、涵养水源、保持水土、防风固沙、改良土壤、美化环境、减少污染、保持生物多样性等生态服务功能。森林植被作为岛陆生态系统的初级生产力，对改善海岛生态环境、维护海岛生态平衡起着决定性的作用。

图1-18 舟山庙子湖岛岛陆植被

(二)潮间带生态系统

海岛的潮间带是高潮线与低潮线之间的海岸地带(图1-19)。潮间带是一个特殊的、开放的生态环境，处于海陆交汇区域，交替地暴露于空气和淹没于水中。它既受岛陆的影响，又受海水水文规律的支配，处于水陆相互作用的地带，是岛陆生态系统与岛陆周边海域生态系统相互联系的纽带，既是缓冲区，也是脆弱区；既有陆地生态系统的特征，又有水体生态系统的特征。

潮间带生态系统与其他两个海岛生态系统在结构和功能上具有某些相似性，但又存在明显的差异。潮间带表层长期或季节性积水，污染物容易在此沉积，土壤水分饱和或过饱和。大部分潮间带生物对潮湿、高盐、周期性干燥环境等恶劣环境具有很强的适应性及抗风险能力。潮间带区域受海洋波浪、潮汐冲刷侵蚀作用明显，底质较为复杂，底质生物种类繁多，形成各具特色的潮间带生物群落。其初级生产者为底栖海藻和潮间带耐盐植物(图1-20)，通过维持潮间带生产者的稳定，能减缓波浪、潮汐对海岸及岛体的侵蚀，削弱风暴潮对潮间带生物的破坏。潮间带对海岛资源的可持续起到重要的作用。

图1-19 舟山普陀山潮间带(百步沙)

图1-20 舟山长峙岛潮间带互花米草

（三）周边海域生态系统

周边海域生态系统范围自潮下带向下至大陆架浅海区边缘（图 1-21）。受岛陆与潮间带生态系统影响，温度、盐度、光照变化比外海大。我国海岛周边海域受沿岸流、暖流和上升流交汇作用，水体交换频繁，营养盐较丰富，初级生产力较高，有利于渔业资源的汇集，水生资源丰富多样，成为鱼类栖息生长场所，如舟山群岛海岛周边海域面积广大，形成了著名的“东海鱼仓”（图 1 -22）。

图 1-21　舟山东福山岛周边海域

图 1-22　舟山青浜岛周边海域深水网箱养殖

（四）海岛子系统间的联系

海岛三个生态子系统间的物质流动与能量循环较为密切，如图 1-23 所示。岛陆生态系统中的有机物随着河流、降水或人工排放等形式进入潮间带及岛陆周边海域，为两者提供了丰富的营养盐，但同时也可能输入污染物。

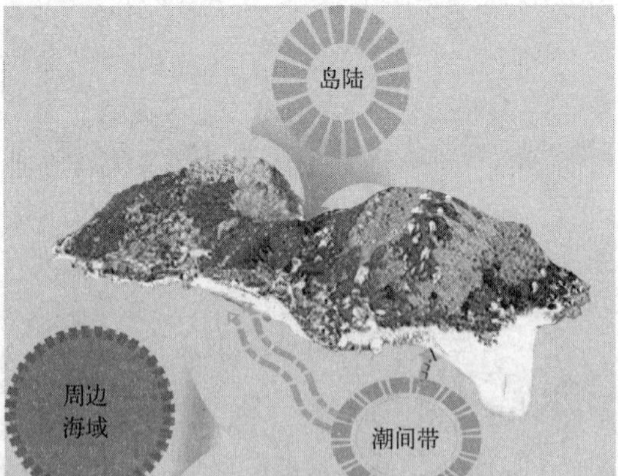

图 1-23　海岛子系统间联系图

潮间带生态系统处于岛陆与岛陆周边海域交界地带，易受两个生态子系统的影响，潮间带生态系统为岛陆生态系统提供丰富的生物资源，为岛陆周边海域生态系统提供营养物种及部分生物栖息场所，同时也可能输入污染物质。

周边海域生态系统为潮间带生态系统和岛陆生态系统提供海洋生物资源，调节温度与湿度。此外，周边海域海洋动力环境直接影响海岛和潮间带的动态变化，如风暴潮可能对岛陆与潮间带生态系统产生破坏性的灾难。

第三节 我国海岛生态环境调查概况

海岛是相对独立的生态单元，具有重要的生态意义。从资源环境角度出发，海岛具有丰富的自然资源，是海洋经济活动的重要载体；从海洋权益角度出发，海岛具有维护国家主权和领土完整的重要意义。对我国海岛生态环境适时开展调查非常有必要。

一、我国海岛调查进展

至今，我国共进行了两次大规模的海岛资源综合调查。我国近海海洋综合调查与评价专项(简称“908 专项”)专题调查中亦涉及了部分海岛调查的内容。

(一)第一次全国海岛资源综合调查

1988—1996 年，我国开展了第一次全国海岛资源综合调查。本次调查的范围是大潮高潮面以上，面积 ≥500 m^2的海岛岛陆及其周边海域。调查采取实地调查为主，收集原有资料为辅；突出重点岛，兼顾一般岛的方法进行。岛陆调查包括海岛数量、物质组成、面积、地理位置、植被分布和人口等概况；周边海域调查包括海洋水文、海洋化学、海洋生物等抽样调查。形成了《全国海岛资源综合调查报告》等一系列珍贵成果(图 1-24)，为海岛管理工作奠定了重要基础。

图 1-24 第一次全国海岛资源综合调查报告

(二)“908 专项”海岛海岸带调查

“908 专项”专题调查(海岛)于 2005 年全面展开。目标是全面认识海岛环境的基本特征，更有效地为海岛管理服务；提高对海岛的自然灾害形成机理和作用过程的认识，为防灾减灾服务；查清海岛的可再生能源和海水利用前景，推动海岛开发建设，促进海洋产业健康发展。

“908 专项”调查在实地调查基础上引入卫星和航空遥感调查。遥感调查的内容有：海岛的位置、类型、面积和分布；海岛的岸线位置、类型和长度；海岛的潮间带类型、面积和分布；海岛的湿地类型、面积和分布；海岛的植被类型、面积和分布；海岛的土地利用类型、面积和分布；海岛排污口的位置、类型和分布；海岛旅游区的位置和分布；海岛海洋保护区的位置和分布；海岛地貌特征等。实地调查包括：气候、地质、地形地貌、土壤、环境质量状况、岸线、潮间带底质等。

历时 6 年的“908 专项”调查已全面完成，掌握了我国海岛资源(基本比例尺 1：

50 000，重点区域比例尺 1∶1 000）、环境要素的分布特征与变化规律，实现了我国海岛数据的全面更新。在调查的基础上，“908 专项”组织开展了成果集成、应用与转化工作：编辑出版系列遥感影像图集，如《中国近海海洋图集——海岛海岸带》；公布了《中国海岛名录》；培养了一支从事海岛海岸带调查的老中青相结合的科技人才队伍；在“908 专项”调查初期编制的 5 部调查技术规程，规范统一了调查技术流程，并已经转化为海洋行业标准，成为海岛海岸带调查的行业规范。

（三）第二次全国海岛资源综合调查

随着 20 年发展巨变，原有的海岛数据信息已经难以满足新形势的需要，制约了我国海岛开发保护管理工作的有力推进。2012 年 10 月，国务院部署开展了第二次全国海岛资源综合调查（图 1-25），计划利用 5 年时间对我国万余个海岛进行全面调查。本次海岛调查包括 4 项基本任务：①开展我国全部海岛基础调查，包括基础地理要素、资源与生态环境、海岛经济社会、海岛景观文化等；②对部分重要海岛在开展基础调查的基础上，进行周边海域专项调查，包括周边海域地形地貌和水文状况等要素；③建设海岛数据库；④开展调查成果汇总、分析与评价。通过本次海岛调查的实施及成果运用，可以掌握我国海岛资源分布、数量、质量与开发利用潜力，掌握我国海岛主要生态环境特征与问题，掌握我国海岛地区经济社会发展现状与存在的主要困难，同时填补领海基点、三沙等重要海岛地形地貌等数据空白。

图 1 - 25　第二次全国海岛资源综合调查标志

二、我国海岛数量及分布特征

国家海洋局发布的《2016 年海岛统计调查公报》显示，我国共有海岛 11 000 余个，海岛总面积约占我国陆地面积的 0.8%。浙江、福建、广东海岛数量位居前三，分别占全国海岛总数的 37%、20%、16%。

我国海岛分布不均，呈现南方多、北方少，近岸多、远岸少的特点。按区域划分，东海海岛数量约占我国海岛总数的 59%，南海海岛数量约占 30%，渤海和黄海海岛数量约占 11%；按距离划分，距大陆小于 10 km 的海岛数量约占海岛总数的 57%，距大陆 10 ~ 100 km 的海岛数量约占海岛总数的 39%，距大陆大于 100 km 的海岛数量约占海岛总数的 4%。

我国海岛以基岩岛为主，其次为泥沙岛，珊瑚岛数量稀少且主要分布在台湾海峡以南地区；此外，我国海岛以小岛居多，面积小于 5 km^2 的海岛约占全国海岛总数的 98%，且多以列岛或群岛形式呈现（宋延巍，2006）。100 km^2 以上的大岛数量较少，除崇明岛外均为基岩岛(孙湘平，2008)(表1-4)。

表1-4　我国沿海面积为100 km²以上的岛屿简况

岛名	性质	面积/km²	岸线长度/km	隶属
崇明岛	泥沙岛	1 110.58	209.7	上海市
台湾岛	基岩岛	35 778	1 139	台湾省
海南岛	基岩岛	33 920	1 440	海南省
舟山岛	基岩岛	476.16	170.2	浙江省舟山市
东海岛	基岩岛	289.49	159.48	广东省湛江市
海坛岛	基岩岛	274.33	191.49	福建省平潭县
东山岛	基岩岛	217.84	148.06	福建省东山县
玉环岛	基岩岛	174.27	139	浙江省玉环县
大濠岛	基岩岛	153.0		香港特别行政区
金门岛	基岩岛	137.88	91.59	福建省金门县
上川岛	基岩岛	137.17	139.7	广东省台山市
厦门岛	基岩岛	129.51	63.04	福建省厦门市
海三岛	基岩岛	129.57	93.89	广东省湛江市
南澳岛	基岩岛	105.24	76.30	广东省南澳县
海陵岛	基岩岛	105.11	75.50	广东省阳江市
岱山岛	基岩岛	104.97	96.30	浙江省岱山县

注：玉环岛原为海岛，1978年经人工建坝与陆相连，成为陆连岛。

三、我国海岛生态系统现状

国家海洋局每年发布一次海岛统计调查公报，涉及海岛生态系统的内容，主要包含海岛环境质量及海岛生物多样性。

(一)海岛环境质量现状

1. 海岛周边海域水质

2016年我国海岛周边海域海水质量总体良好，全年不同季节周边海域为一类水质的海岛数量占总量的62%～75%；劣四类水质的海岛数量比例约为10%，海岛周边海域水质提升效果显著。在重点监测的海岛保护区及有居民海岛周边海域中，检测到的主要污染物种类为无机氮、石油类和磷酸盐等。

2. 海岛空气质量

海岛空气质量总体良好，2016年海岛所在县(区)空气质量优良天数平均为300天，高于大陆地区平均水平。

3. 海岛自然灾害情况

2016年，我国海岛遭“莫兰蒂”“鲇鱼”等风暴潮18次、灾害性海浪36次，周边海域发现赤潮51次以及绿潮等灾害，累计受影响海岛约10 200次。东南部地区海岛遭受海洋灾害的频率较高。

(二)海岛生物多样性现状

海岛及周边海域蕴藏着丰富的生物资源。截至2016年年底，发现国家一级保护野生动物24种，主要有黑鹳、白鹳、丹顶鹤、中华鲟、中华白海豚等。国家一级保护植物5种，有普陀鹅耳枥、红豆杉、银杏、苏铁和水杉。国家二级保护野生动物86种，国家二级保护植物32种。部分地区海岛及周边海域生物资源独特，如浙江省普陀山岛的鹅耳枥，广西壮族自治区的红树林，海南省的珊瑚礁等。

2016年海岛周边海域典型海洋生态系统中，海草、红树植物、珊瑚礁基本保持稳定。

1. 珊瑚礁生态系统

雷州半岛西南沿岸和广西北海珊瑚礁生态系统呈健康状态，活珊瑚盖度较2015年分别增加7.7%和7.0%，硬珊瑚补充量超过1个/m^2；海南东海岸和西沙珊瑚礁生态系统呈亚健康状态，活珊瑚盖度和种类仍然处于近10年来的较低水平。

2. 红树林生态系统

广西北海和北仑河口红树林生态系统均呈健康状态。红树林面积和群落类型基本稳定，林相保持良好，部分区域幼苗增多，大型底栖动物种类丰富，生物量较高。2016年春夏季，广西山口红树林区发生了较大面积的虫害，受害树种为白骨壤，受灾面积达66 hm^2，对红树植物生长发育造成一定影响。

3. 海草床生态系统

海南东海岸海草床生态系统呈健康状态，海草密度由1 033株/m^2上升至1 330株/m^2；广西北海海草床处于退化状态，呈亚健康状态。

第二章 海岛自然地理信息调查

☞[教学目标]

海岛是独特的地理单元。本章主要介绍海岛基础自然地理信息的调查方法，包括：海岛类型及高程的调查、海岸线类型界定与调查、海岛海岸景观调查。通过学习本章内容，需要掌握 7 种类型海岛岸线及其范围，了解海岛海岸概念及景观类型。

第一节 海岛基础地理信息调查

海岛是特殊的复合体，在对海岛生态环境调查前必须先摸清其基础地理信息及空间位置。海岛基础地理要素调查方法以实地勘测为主，并结合高分辨率遥感，不同历史时期的地形图及海图等资料对比和调访手段，以精确测定我国海岛数量、面积、类型、位置、高程、岸线长度等基础信息。本节主要介绍海岛基础地理信息调查的内容、方法及基本技术要求，主要参考资料为《第二次全国海岛资源综合调查技术规程》。

一、名词解释

海岛高程(Island elevation)：指海岛绝对高程(或称海岛海拔)，海岛最高点沿垂线方向至大地水准面的距离。目前，我国采用“1985 国家高程基准”。

海岛相对高程(Island altitude)：指在单个海岛范围内，假定海岛岸线闭合为一个高程起算面，地面点到该水准面的垂直距离称为相对高程。

二、调查内容及要求

(一)资料收集

收集、整理调查海岛的相关资料，主要包括：①海岛地名普查等相关历史调查成果；

②不同时相的高分辨率海岛遥感影像；③比例尺 1∶50 000 以上的不同历史时期和最新版地形图；④海岛及其周边大陆的大比例尺地貌图、地质图、构造图等专题图资料；⑤海岛及其周边大地测量成果资料，水准点、三角点等；⑥地方志、水利志、交通志、城镇、村庄和地物变化、农垦及海塘兴建历史等资料。

(二)遥感影像预判与解译

对不同时相的航空、卫星影像，根据先验知识，建立解译标志，运用地学相关分析方法，对影像进行初步判读解译，形成初步解译图，给出关键现场验证点(如海岸类型判读点、地形起伏等)，供现场调查验证方案设计和踏勘调查参考。

(三)现场工作底图

选取最新版比例尺不小于 1∶10 000 的地形图或线画图、最新的遥感影像数据作为工作底图。

(四)调查与观测记录

具体调查路线与观察记录技术要求见表 2-1。

表 2-1　调查路线与观测记录技术要求表

调查对象	调查路线与布点要求	观测与记录
海岛位置	海岛位置观测点结合海岛高程测量进行布设，一般应选择海岛最高点或海岛中心点	现场观测点观测并结合海岛及其周边地质图、地貌图、构造图等专题图信息初步判断海岛类型；按照海岛物质组成将海岛划分为基岩岛、沙泥岛、珊瑚岛；按照海岛成因类型划分为大陆岛、海洋岛、堆积岛，并填写海岛特征登记表
海岛高程及相对高程的观测点布设	①海岛高程的观测点位于海岛海拔最高处； ②海岛相对高程的观测点分为高点(相对高程中最高的位置，与海岛高程观测点重合)和低点两类。低点沿海岛岸线均匀分布，至少选取 3 ~ 6 个观测点，观测点应尽量分布在海岛各个方向上； ③在海岛上，选取位置固定、无不良地质灾害、通视性较好的位置建立海岛测量基准点，作为海岛位置、高程等测量的控制点	建立合适的海岛测量基准点进行海岛高程、相对高程、位置测量，并对成果数据处理与检查(RTK 测量外业采集的数据应及时导出并备份，其施测的高程结果和平面结果应进行 100% 的内业检查)

(五)调查仪器

1. RTK 接收设备

RTK 接收设备(图 2-1) 包括接收机、天线和天线电缆、数据链套件(调制调解器、电台或 RTK 移动通信设备)、数据采集器等, 且 RTK 接收设备应符合下列规定: ①基准站接收设备应具有发送标准差分数据的功能; ②流动站接收设备应具有接收并处理标准差分数据的功能; ③接收设备应操作方便, 性能稳定, 故障率低, 可靠性高。

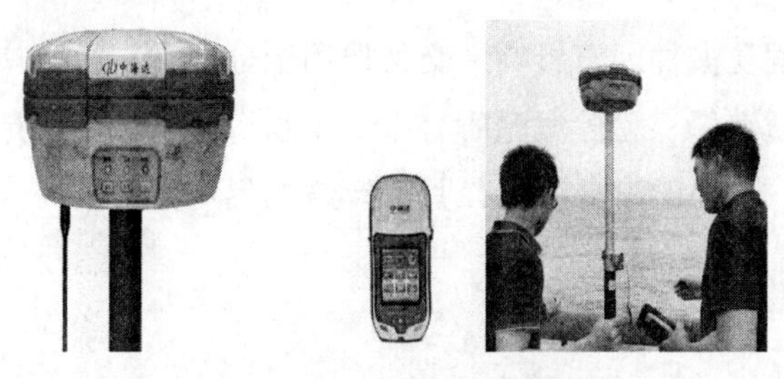

图 2-1 RTK 接收设备及使用

RTK 测量外业观测记录仪器自带内存卡和数据采集器, 记录项目及成果输出包括下列内容: ①转换参考点的点名、残差、转换参数; ②基准站、流动站的天线高、观测时间; ③流动站的平面、高程收敛精度; ④流动站的地心坐标、平面和高程成果数据。

2. 接收设备的检验

在 RTK 接收设备使用前应对设备进行下列检验: 基准站和流动站的数据链联通检验; 数据采集器与接收机的通信联通检验。

第二节 海岛岸线类型界定与调查

海岛岸线类型按物质组成及功能可划分为自然海岸岸线、人工海岸岸线及河口海岸岸线, 本节重点介绍海岛岸线类型、岸线长度、分布、岸线特征点(拐点、岸线类型变更点、海湾端点等)位置及海岸稳定程度等调查内容, 所讲内容主要参考 2015 年版《浙江省海岛岸线调查技术导则》。

一、名词解释

海岸线(Coastline): 指海陆分界线, 在我国系指多年平均大潮高潮位时海陆分界的痕迹线。

河海界线(The boundary between River and Sea): 指海水沿河道入侵的上限(多年平均

大潮时的咸淡水交界或潮流界)。

自然海岸岸线(Natural coast):当多年平均大潮高潮位时海陆分界点痕迹线所在位置为自然地理实体时,该海岸线类型为自然海岸岸线。

人工海岸岸线(Artificial coast):当多年平均大潮高潮位时海陆分界点痕迹线所在位置为人工构筑物时,该海岸线类型为人工海岸岸线。

二、不同海岸类型的海岸线界定方法

海岛海岸发育过程受多种因素影响,交叉作用十分复杂,故海岸形态也错综复杂。我国海岛海岸可分为沙质海岸、粉砂淤泥质海岸、生物海岸、潟湖海岸、基岩海岸、河口海岸以及人工海岸7类。不同的海岛海岸,其海岸线的界定方式不一。

(一)沙质海岸的岸线界定

1. 一般沙质海岸的岸线界定

一般沙质海岸的岸线比较平直,在沙质海岸的海滩上部常常堆成一条与岸平行的脊状砂质沉积,称滩脊。沙质海岸线一般确定在现代滩脊的顶部向海一侧(图2-2)。在滩脊不发育或缺失的一般沙质海岸,海岸线一般确定在砂生植被生长明显变化线的向海一侧。

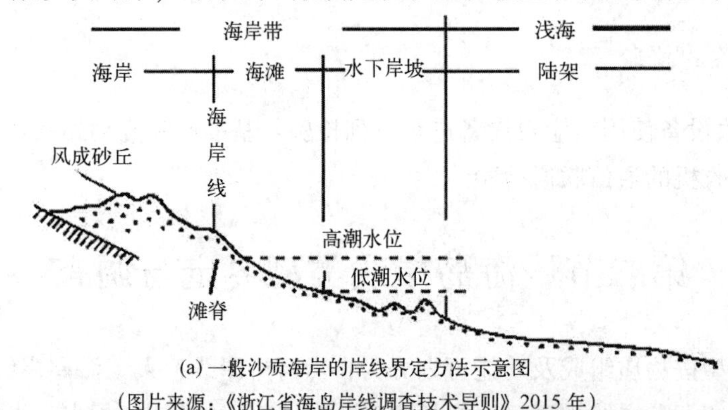

(a)一般沙质海岸的岸线界定方法示意图

(图片来源:《浙江省海岛岸线调查技术导则》2015年)

(b)舟山普陀山百步沙

(c)澳洲莫林顿半岛沙滩

图2-2 一般沙质海岸的岸线界定方法示意图和示例

2. 具陡崖的沙质海岸的岸线界定

具陡崖的海滩一般无滩脊发育，海滩与基岩陡岸直接相接，崖下滩、崖的交接线即为岸线，如图 2-3 所示。

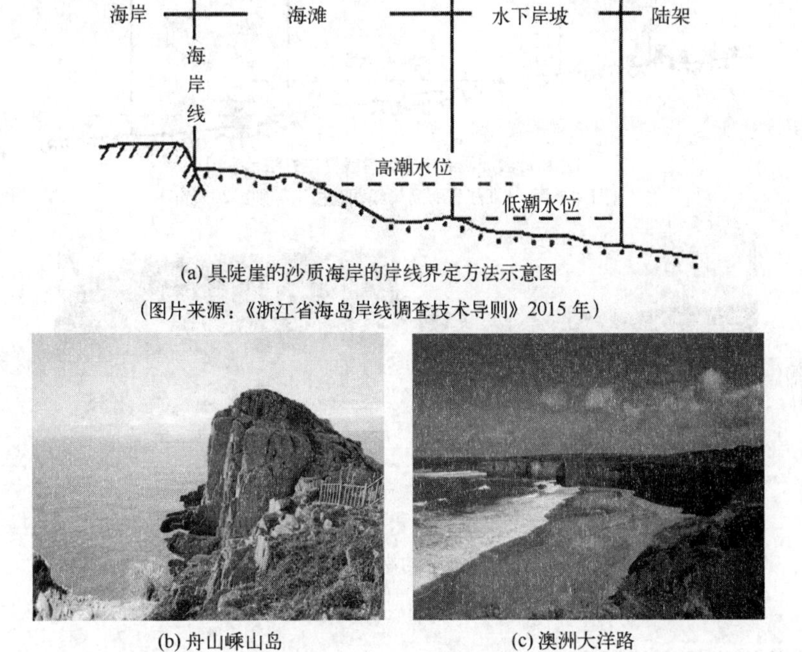

(a) 具陡崖的沙质海岸的岸线界定方法示意图
（图片来源：《浙江省海岛岸线调查技术导则》2015 年）

(b) 舟山嵊山岛　　(c) 澳洲大洋路

图 2-3　具陡崖的沙质海岸的岸线界定方法示意图和示例

(二) 粉砂淤泥质海岸的岸线界定

粉砂淤泥质海岸主要是由潮汐作用塑造的低平海岸，潮间带宽而平缓。海岸线应根据海岸植被生长变化状况、大潮平均高潮位时的海水痕迹线以及植物碎屑、贝壳碎片、杂物垃圾分布的痕迹线等综合分析界定，如图 2-4 所示。

该类型海岸的岸线受上冲流的影响，在潮间带之上向陆一侧有一条耐盐植物生长状况明显变化的界线。向陆植物生长渐茂盛，盐蒿、芦苇、柽柳等耐盐植物大量出现，向海植物稀疏、矮小至光滩。

另外，上冲流不时光顾的上限往往有植物碎屑、贝壳碎片和杂物垃圾分布线，这是一种典型的“痕迹线”，即潮滩海岸线所在，在潮滩岸线之上为潮上带，潮水偶尔在特大潮期间光顾，潮上带多连接低平的海岸平原，如辽东湾湾顶、渤海湾沿岸、苏北海岸是此种海岸的典型发育地区。

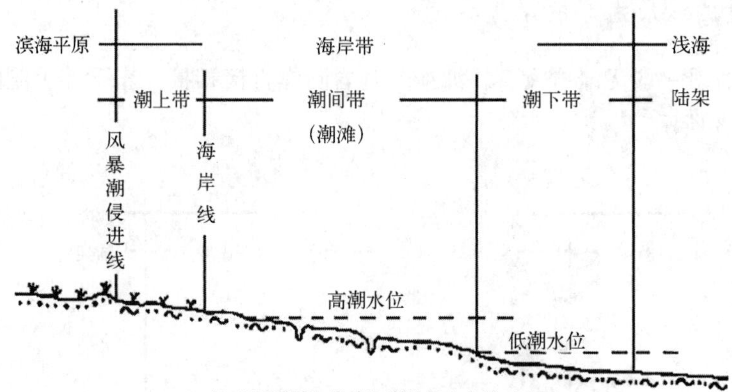

(a) 粉砂淤泥质海岸的海岸线界定方法示意图

（图片来源：《浙江省海岛岸线调查技术导则》2015 年）

(b) 舟山长峙岛西南侧泥滩

(c) 舟山秀山岛泥滩

图 2-4　粉砂淤泥质海岸的岸线界定方法示意图和示例

(三) 生物海岸的岸线界定

生物海岸主要包括珊瑚礁海岸、红树林海岸（图 2-5）和芦苇海岸等。对于珊瑚礁海岸，岸线界定方法与沙质海岸或基岩海岸的岸线界定方法一致。红树林海岸和芦苇海岸的岸线界定一般与粉砂淤泥质海岸的岸线界定方法相同。

图 2-5　海口市东寨港红树林海岸

（图片来源：中国国家地理网站）

(四)潟湖海岸的岸线界定

如果潟湖与海洋有水动力联系，海岸线应包括潟湖内的岸线；如果潟湖与海洋没有水动力联系，海岸线界定在潟湖外侧沙坝处，岸线按平均大潮高潮时水陆分界的痕迹线进行界定，如图 2-6 所示。我国沙坝-潟湖海岸是原丘陵山地海岸的海湾被沙坝或沙嘴拦截成潟湖演化而来，一般规模较小，只有很窄的出口，通过口门有潮汐水道伸入潟湖内。

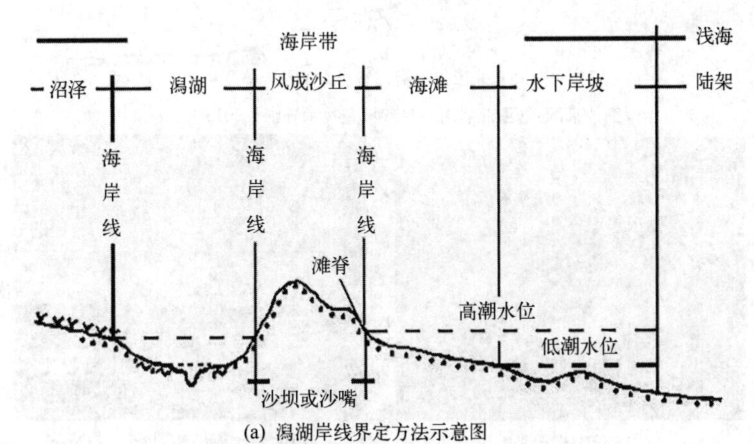

(a) 潟湖岸线界定方法示意图

（图片来源：《浙江省海岛岸线调查技术导则》2015 年）

(b) 澳洲大溪地潟湖海岸（图片来源：博物网站）

图 2-6　潟湖岸线界定方法示意图和示例

(五)基岩海岸的岸线界定

基岩海岸的海岸线位置界定在侵蚀陡崖的基部，如图 2-7 所示。

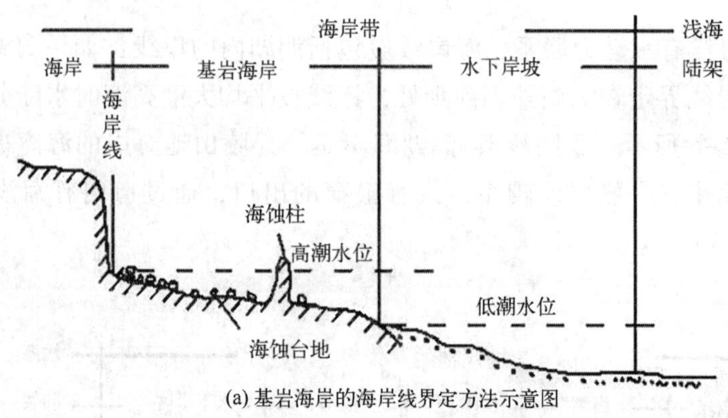

(a) 基岩海岸的海岸线界定方法示意图

(图片来源:《浙江省海岛岸线调查技术导则》2015 年)

(b) 舟山枸杞岛

(c) 加拿大佩姬湾 (Peggy's Cove)

图 2-7　基岩海岸的海岸线界定方法示意图和示例

(六) 河口海岸的岸线界定

自然的界定方法是河口区潮流界或盐水楔上溯的上界为河海分界的海岸线。具体河口岸线界定时，对于小型河口，以河口区地貌形态来确定河口岸线，即以河口突然展宽处的凸出点连线作为河口海岸线。另外，由于河口岸线受人为因素影响较大，在岸线确定时，应充分考虑人为因素的影响，可以河口区域的道路、桥梁、防潮闸(坝)的边界线作为河口岸线界线。

(七) 人工海岸的岸线界定

人工岸线指由永久性构筑物组成的岸线，包括防潮堤、防波堤、护坡、挡浪墙、码头、防潮闸(坝)以及道路等挡水(潮)构筑物。

如果人工构筑物向陆一侧不存在平均大潮高潮时海水能达到水域的，以永久性人工构筑物向海侧的平均大潮时水陆分界的痕迹线作为人工岸线；人工构筑物向陆一侧存在平均大潮高潮时海水能达到水域的，则以人工构筑物向陆侧的平均大潮高潮时水陆分界的痕迹线达到的位置作为海岸线，如图 2-8 所示。

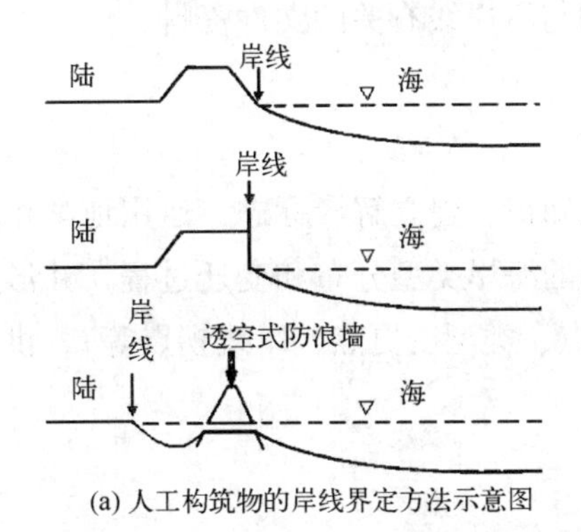

(a) 人工构筑物的岸线界定方法示意图

(b) 加拿大哈利法克斯 down town

图 2-8　人工构筑物的岸线界定方法示意图和示例

对于与海岸线垂直或斜交的狭长的海岸工程，包括引堤、突堤式码头、栈桥式码头等，海岸线界定在陆域海岸线位置处，如图 2-9 所示。

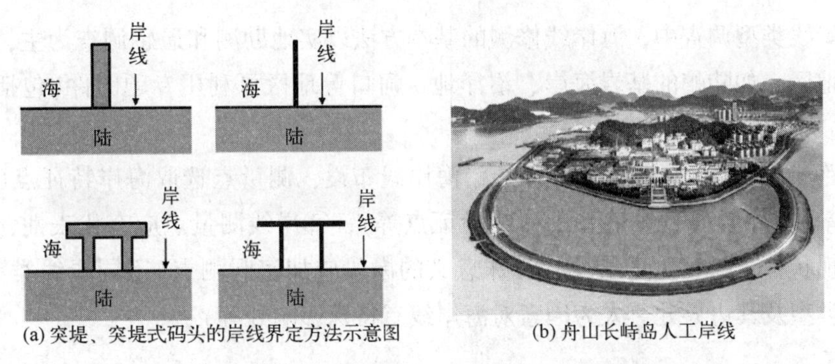

(a) 突堤、突堤式码头的岸线界定方法示意图　　(b) 舟山长峙岛人工岸线

图 2-9　突堤、突堤式码头的岸线界定方法示意图和示例

盐田、养殖池塘等与外海有自然水力联系的，海岸线界定在盐田、养殖池向陆一侧，按平均大潮高潮时水陆分界的痕迹线界定海岸线。

三、调查方法与技术要求

海岛岸线类型调查以实地勘测为主，并且结合高分辨率遥感，不同历史时期的地形图、海图等资料对比和调访手段，精确测定我国海岛岸线长度基础信息，沿程记录和拍摄海岸线重要特征点和开发利用现状。

(一)资料收集

收集、整理调查海岛的相关资料，主要包括：①比例尺 1∶50 000 以上的不同历史时期和最新版地形图；②海岛及其周边大陆的大比例尺地貌图、地质图、构造图等专题图资料；③海岛周边海岸工程建设项目有关资料；④有关海岛岸线、面积等基础地理要素变化的相关文章或专著资料等；⑤地方政府公布的与海岸线有关的文件资料。

（二）遥感影像预判与解译

对不同时相的航空、卫星影像，根据先验知识，建立解译标志，运用地学相关分析方法，对影像进行初步判读解译，给出不同时期的海岸类型分布和变迁过程，并形成初步解译图，给出关键现场验证点（如海岸类型判读点、类型变更点、岸线拐点等），供现场调查验证方案设计和踏勘调查参考。

（三）现场工作底图

选取最新版比例尺不小于 1∶10 000 的地形图或线划图、最新的遥感影像数据作为工作底图。

（四）调查路线与观测点布设

海岛岸线类型调查中，海岸线修测的基本方法以实地勘测和遥感调查为主，在人迹难以到达的地区，如陡峭的基岩海岸、沼泽地、河口等地区可利用专题图件（包括地形图和遥感影像）进行岸线提取。

调查路线与布点要求：①修测路线沿海岸线布设，测量点选取海岸特征点（如自然岸线和人工岸线的拐点、工作底图的岸线验证点等）；②岸线测量点应有代表性，能真实反映海岸线现状；③在变化复杂及有特殊意义的岸段应加密观测点（不同岸线类型交界点、特殊地貌类型及其边界处、人为因素对海岸线有特殊影响处等）。

（五）观测与记录

海岛岸线类型调查包括：海岛岸线类型划分、界定及现场修测与记录，见表 2–2、表 2–3；海岛海岸稳定程度等级标准见表 2–4。

表 2–2　观测与记录具体要求

内容	具体要求
海岛岸线类型划分	海岛岸线类型主要划分为沙质海岸岸线、粉砂淤泥质海岸岸线、基岩海岸岸线、生物海岸岸线、潟湖海岸岸线、河口海岸岸线、人工海岸岸线 7 种类型
海岛岸线的界定	参照本节介绍岸线界定方法对海岛岸线进行界定
海岛岸线的现场修测与记录	修测比例尺确定：根据海岛面积的不同，选取适当的修测比例尺进行海岛岸线的实地修测。海岛岸线修测比例尺为 1∶10 000 以上的国家标准比例尺
	观测基本内容及要求：野外观测时，应采用规定的图例符号，必要时可适当增补；岸线类型分界处应在底图上具体标出；在动态变化强烈区域应用具体符号进行标绘
	观测记录：观测点应按修测规定编号；对典型岸段现象应绘制素描图或照相与摄像；观察记录必须注明工作时间、工作期间的天气等信息

表 2-3 海岛特征登记表

岛名		记录人员		记录日期	
经度		纬度		高程	
海岛类型(成因)		海岛类型(组成)		面积	
岸线长度		岸线类型(共几类)		相对高程	
所属海区		临近大陆(县、市)		距大陆最近距离	
海岛全貌图					
备注					

表 2-4 海岛海岸稳定性等级标准

稳定性	海岸线位置变化速率 r		岸滩侵蚀 s
	沙质海岸/(m/a)	淤泥质海岸/(m/a)	蚀淤速率/(cm/a)
淤涨	$r \geqslant +0.5$	$r \geqslant +1$	$s \geqslant +1$
稳定性	$-0.5 < r < +0.5$	$-1 < r < +1$	$-1 < s < +1$
微侵蚀	$-1 < r \leqslant -0.5$	$-5 < r \leqslant -1$	$-5 < s \leqslant -1$
侵蚀	$-2 < r \leqslant -1$	$-10 < r \leqslant -5$	$-10 < s \leqslant -5$
强侵蚀	$-3 \leqslant r < -2$	$-15 < r \leqslant -10$	$-15 < s \leqslant -10$
严重侵蚀	$-3 \leqslant r$	$r \leqslant -15$	$r \leqslant -15$

注："+"代表淤涨；"-"代表侵蚀。当某段岸线同时具备海岸线位置变化和岸滩蚀淤速率时，采用就高不就低的原则。

(六)调查仪器及技术要求

(1)现场采用 DGPS 定位系统，静态定位精度优于1 m。

(2)遥感探测，空间分辨率大于1 m。

(3)备有数码摄像机、数码相机、录音笔、笔记本计算机等，现场进行音像记录。

第三节　海岛海岸带及自然景观调查

海岸带是海洋和陆地相互作用的地带，是海岸水动力和海岸带岩石圈相互作用的产物。海岛海岸带是海岛资源、景观富集区。从景观生态学角度看，各种地理要素在空间上的集合即形成基本的景观格局，海岛多数独特的景观类型分布在以海岸线为中心的带状区域——海岛海岸带内，这也是海岛资源开发利用的主要区域。因此，了解海岛的景观体系，查明海岛景观资源的类型、数量、分布以及开发潜力或开发价值、开发与保护现状等情况，可以为海岛景观资源开发利用与保护提供基础资料。

一、名词解释

海蚀崖(Sea cliff)：指海岸受海浪的长期侵蚀与溶蚀作用，沿地质薄弱处发生崩塌所形成的一种陡崖。

海蚀平台(Abrasion platform)：指在海平面趋于稳定的时期，由于海蚀崖不断地遭侵蚀后退，在崖脚处形成的缓缓向海倾斜的基岩平台，又称岩滩(Bench)。

海蚀阶地(Abrasion terrace)：指海蚀平台因陆地抬升或海平面下降形成的、不再受波浪影响的阶状地貌。

海蚀穴、海蚀洞(Wave-cut notch、Sea cave)：海蚀穴是海蚀崖下部，在波浪的不断侵蚀作用下形成的水平宽度大于深度的水平凹槽，当其深度比宽度大时就叫海蚀洞。海蚀穴、海蚀洞常沿节理和抗蚀力较弱的部位发育。

海蚀柱(Sea stack)：是在基岩海岸后退过程中，在海蚀平台上或海中残留的岩柱。

海蚀拱桥(Sea arch)：是岬角两侧海蚀洞连通后形成的拱状地貌。

大陆架(Continental shelf)：指陆地向海自然延伸的部分坡度平衡值其前缘坡折为止的区域。

大陆坡(Continental slope)：为大陆坡折下向海倾斜的斜坡，坡度介于3°~6°的区域。

大陆隆(Continental rise)：为大陆坡坡麓之堆积裾，是从陆地搬运来的物质堆积形成的区域。

二、海岸带的界线划分

联合国在2001年6月启动的“千年生态系统评估项目”中将海岸带(Coastal zone)定义为“海洋与陆地的界面，向海洋延伸至大陆架的中间，在大陆方向包括所有受海洋因素影响的区域，具体边界为位于平均海深50 m与潮流线以上50 m之间的区域，或者自海岸向大陆延伸100 km范围内的低地，包括珊瑚礁、高潮线与低潮线之间的区域、河口、滨海水产作业区以及水草群落”。

我国在20世纪80年代出版的《全国海岸带和海涂资源综合调查简明规程》中规定，海岸带的内界一般在海岸线的陆侧10 km左右，外界在向海延伸至10 ~15 m等深线附近。在河口地区，向陆延伸至潮区界，向海方向延至浑水线或淡水舌。

冯士笮等(1999)将海岸带的范围增大到沿岸陆地内部及水下现代波浪作用一般作用不到的区域，构成宽度较大的海岸带(包括古海岸带与现代海岸带，如图2-10所示)：在大潮高潮线向陆或海滩顶部向陆有上升流岸线高海平面时的海岸带；在现代水下岸坡以下有下沉的海岸线，低海平面时的海岸带。

在实际管理中，海岸带范围可根据管理目的和研究需要而定。

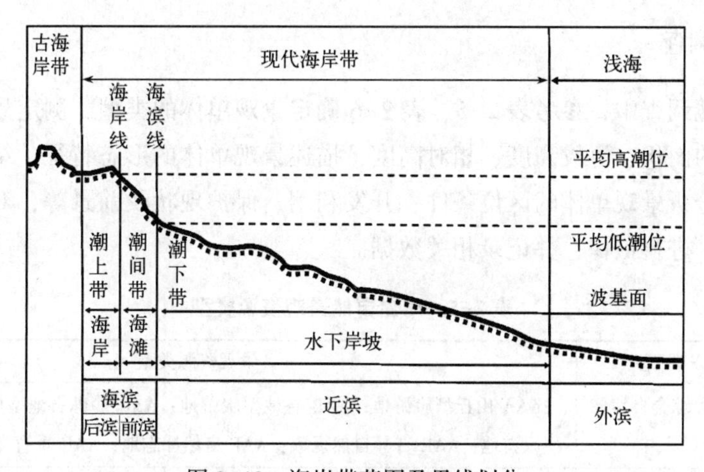

图2-10 海岸带范围及界线划分

三、海岛自然景观调查

海岛自然景观与大陆差异显著。通过调查海岛自然景观资源，景观单体的类型、位置及外观形态等，摸清其自然环境的本底值。

(一)资料收集

海岛海岸带景观资源收集的资料包括：文献资料，图形、图像影像资料和卫星遥感影像预判与解译。

1. 文献资料

收集与各海岛景观资源单体及其赋存环境有关的不同时期的文献资料，包括地方志、乡土教材、海岛旅游区与旅游景点介绍、各类海岛旅游开发规划与专题报告等。

2. 图形、图像影像资料

收集与海岛调查区有关的各类图形、图像影像资料，主要是反映该岛旅游环境与景观的专题地图，与本区及旅游资源单体有关的各种照片、影像资料。

3. 卫星遥感影像预判与解译

对遥感影像进行初步判读解译，给出海岛典型景观资源的分布范围和位置，形成初步解译图，给出关键现场验证点(如典型景观特征点或拐点等)，供踏勘调查参考。

(二)现场调查

在海岛实地调查中，参考表2-5、表2-6确定景观单体的类型，测定景观单体的经纬度位置、景观的面积、海拔高度、相对高度，描述景观单体的形态特征、结构、组成物质及功能用途，分析景观单体的区位条件、开发利用、保护现状及前景等，对调查的景观类型应拍摄照片，进行摄像，并记录相关数据。

表2-5 海岛自然景观资源类型

景观类	景观亚类	景观资源类型
A地文景观	AA 综合自然旅游地	AAA 山丘型旅游地；AAB 谷地型旅游地；AAC 沙砾石地型旅游地；AAD 滩地型旅游地；AAE 奇异自然现象；AAF 自然标志地；AAG 垂直自然地带
	AB 沉积与构造	ABA 断层景观；ABB 褶曲景观；ABC 节理景观；ABD 地层剖面；ABE 钙华与泉华；ABF 矿点矿脉与矿石积聚地；ABG 生物化石点
	AC 地质地貌过程形迹	ACA 海蚀阶地；ACB 海蚀平台；ACC 海蚀崖；ACD 海蚀拱桥；ACE 海蚀柱；ACF 海蚀穴与海蚀洞；ACG 岩壁与岩缝；ACH 峡谷段落；ACI 沟壑地；ACJ 堆石洞；ACK 岩石洞与岩穴 ACL 沙丘地；ACM 海滩
	AD 自然变动遗迹	ADA 重力堆积体；ADB 泥石流堆积；ADC 地震遗迹；ADD 陷落地；ADE 火山与熔岩；ADF 冰川堆积体；ADG 冰川侵蚀遗迹
	AE 岛礁	AEA 岛区；AEB 岩礁

续表

景观类	景观亚类	景观资源类型
B 水域风光	BA 河段	BAA 观光游憩河段；BAB 暗河河段；BAC 古河道段落
	BB 天然湖泊与池沼	BBA 观光游憩湖区；BBB 沼泽与湿地；BBC 潭池
	BC 瀑布	BCA 悬瀑；BCB 跌水
	BD 泉	BDA 冷泉；BDB 地热与温泉
	BE 河口与海面	BEA 观光游憩海域；BEB 涌潮现象；BEC 击浪现象
	BF 冰雪地	BFA 冰川观光地；BFB 常年积雪地
C 生物景观	CA 树木	CAA 林地；CAB 丛树；CAC 独树
	CB 草原与草地	CBA 草地；CBB 疏林草地
	CC 花卉地	CCA 草场花卉地；CCB 林间花卉地
	CD 野生动物栖息地	CDA 水生动物栖息地；CDB 陆地动物栖息地；CDC 鸟类栖息地；CDE 蝶类栖息地
D 气候景观	DB 天气与气候现象	DBA 云雾多发区；DBB 避暑气候地；DBC 避寒气候地；DBD 极端与特殊气候显示地；DBE 物候景观

表 2-6　海岛自然景观资源类型说明

景观类	景观亚类	景观资源型	说明
A 地文景观	AA 综合自然旅游地	AAA 山丘型旅游地	山地丘陵区内可供观光游览的整体区域或个别区段
		AAB 谷地型旅游地	河谷地区可供观光游览的整体区域或个别区段
		AAC 沙砾石地型旅游地	沙漠戈壁荒原内可供观光游览的整体区域或个别区段
		AAD 滩地型旅游地	缓平滩地内可供观光游览的整体区域或个别区段
		AAE 奇异自然现象	发生在地表面一般还没有合理解释的自然界奇特现象
		AAF 自然标志地	标志特殊地理、自然区域的地点
		AAG 垂直自然地带	山地自然景观及其自然要素(主要是地貌、气候、植被、土壤)随海拔呈递变规律的现象
	AB 沉积与构造	ABA 断层景观	地层断裂在地表面形成的明显景观
		ABB 褶曲景观	地层在各种内力作用下形成的扭曲变形
		ABC 节理景观	基岩在自然条件下形成的裂隙
		ABD 地层剖面	地层中具有科学意义的典型剖面
		ABE 钙华与泉华	岩石中的钙质等化学元素溶解后沉淀形成的形态
		ABF 矿点矿脉与矿石积聚地	矿床矿石地点和由成景矿物、石体组成的地面
		ABG 生物化石点	保存在地层中的地质时期的生物遗体、遗骸及活动遗迹的发掘地点

续表

景观类	景观亚类	景观资源型	说明
A 地文景观	AC 地质地貌过程形迹	ACA 海蚀阶地	海面变动条件下形成的侵蚀基岩海岸
		ACB 海蚀平台	基岩海岸海蚀崖下侵蚀形成的倾斜平台
		ACC 海蚀崖	基岩海岸海蚀作用形成的基岩陡崖
		ACD 海蚀拱桥	岬角两侧的海蚀洞相向贯通后形成海蚀拱桥
		ACE 海蚀柱	海蚀拱桥顶部崩塌后残留的基岩石柱
		ACF 海蚀穴与海蚀洞	海蚀崖底部波浪侵蚀作用形成的宽度大于深度的水平凹槽即海蚀穴，海蚀穴进一步发育到深度大于宽度时即海蚀洞
		ACG 岩壁与岩缝	坡度超过60°的高大岩面和岩石间的缝隙
		ACH 峡谷段落	两坡陡峭，中间深峻的“V”字形谷、嶂谷、幽谷等段落
		ACI 沟壑地	由内营力塑造或外营力侵蚀形成的沟谷/劣地
		ACJ 堆石洞	岩石块体塌落堆砌成的石洞
		ACK 岩石洞与岩穴	位于基岩内和岩石表面的天然洞穴，如溶洞、落水洞与竖井、穿洞与天生桥、火山洞、地表坑穴等
		ACL 沙丘地	由沙堆积而成的沙丘、沙山
		ACM 岸滩	被岩石、沙、砾石、泥、生物遗骸覆盖的河流、湖泊、海洋沿岸地面
	AD 自然变动遗迹	ADA 重力堆积体	由于重力作用使山坡上的土体、岩体整体下滑或崩塌滚落而形成的遗留物
		ADB 泥石流堆积	包含大量泥沙、石块的洪流堆积体
		ADC 地震遗迹	地球局部震动或颤动后遗留下来的痕迹
		ADD 陷落地	地下淘蚀使地表自然下陷形成的低洼地
		ADE 火山与熔岩	地壳内部溢出的高温物质堆积而成的火山与熔岩形态
		ADF 冰川堆积体	冰川后退或消失后遗留下的堆积地形
		ADG 冰川侵蚀遗迹	冰川后退或消失后遗留下的侵蚀地形
	AE 岛礁	AEA 岛区	小型岛屿上可供游览休憩的区段
		AEB 岩礁	江海中隐现于水面上下的岩石及由珊瑚虫的遗骸堆积成的岩石状物
B 水域风光	BA 河段	BAA 观光游憩河段	可供观光游览的河流段落
		BAB 暗河河段	地下的流水河道段落
		BAC 古河道段落	已经消失的历史河道段落
	BB 天然湖泊与池沼	BBA 观光游憩湖区	湖泊水体的观光游览区域段落
		BBB 沼泽与湿地	地表常年湿润或有薄层积水，生长湿生和沼生植物的地域或个别段落
		BBC 潭池	四周有岸的小片水域
	BC 瀑布	BCA 悬瀑	从悬崖处倾泻或散落下来的水流
		BCB 跌水	从陡坡上跌落下来落差不大的水流

续表

景观类	景观亚类	景观资源型	说明
B 水域风光	BD 泉	BDA 冷泉	水温低于 20℃或低于当地年平均气温的出露泉
		BDB 地热与温泉	水温超过 20℃或超过当地年平均气温的地下热水、热汽和出露泉
	BE 河口与海面	BEA 观光游憩海域	可供观光游憩的海上区域
		BEB 涌潮现象	海水大潮时潮水涌进景象
		BEC 击浪现象	海浪推进时的击岸现象
	BF 冰雪地	BFA 冰川观光地	现代冰川存留区域
		BFB 常年积雪地	长时间不融化的降雪堆积地面
C 生物景观	CA 树木	CAA 林地	生长在一起的大片树木组成的植物群体
		CAB 丛树	生长在一起的小片树木组成的植物群体
		CAC 独树	单株树木
	CB 草原与草地	CBA 草地	以多年生草本植物或小灌木组成的植物群落构成的地区
		CBB 疏林草地	生长着稀疏林木的草地
	CC 花卉地	CCA 草场花卉地	草地上的花卉群体
		CCB 林间花卉地	灌木林、乔木林中的花卉群体
	CD 野生动物栖息地	CDA 水生动物栖息地	一种或多种水生动物常年或季节性栖息的地方
		CDB 陆地动物栖息地	一种或多种陆地野生哺乳动物、两栖动物、爬行动物等常年或季节性栖息的地方
		CDC 鸟类栖息地	一种或多种鸟类常年或季节性栖息的地方
		CDD 蝶类栖息地	一种或多种蝶类常年或季节性栖息的地方
D 天象与气候景观	DB 天气与气候现象	DBA 云雾多发区	云雾及雾凇、雨凇出现频率高的地方
		DBB 避暑气候地	气候上适宜避暑的地方
		DBC 避寒气候地	气候上适宜避寒的地方
		DBD 极端与特殊气候显示地	易出现极端与特殊气候的地区或地点，如风区、雨区、热区、寒区、旱区等典型地点
		DBE 物候景观	各种植物的发芽、展叶、开花、结实、叶变色、落叶等季变现象

(三) 调查仪器及技术要求

多媒体设备：照相机，带有 GPS 定位、不低于 500 万像素；摄像机，摄像采用“AVI”格式，分辨率不低于 1 024 × 768，连续摄像时间不少于 15 s。

第三章　岛陆生态环境调查

☞［教学目标］

岛陆生态系统是海岛生态系统的核心。本章主要介绍岛陆生态系统的调查，包括岛陆大气环境调查、岛陆土壤环境调查、岛陆水环境与淡水资源调查及岛陆生物资源调查四部分。通过本章学习，主要掌握岛陆生态系统中大气环境、水环境、土壤环境、淡水资源及生物资源的调查内容及方法。

第一节　岛陆大气环境调查

进行岛陆大气环境质量现状的调查，目的是为了获取岛陆大气环境质量预测和评价所需的基础数据。因此，监测范围、监测项目、监测点和监测制度的确定，都应根据海岛的面积、性质和海岛周围的地理环境及实际条件而定，突出针对性和实用性。

实际情况中，我国大部分海岛没有大气环境监测站点，岛陆大气环境质量基础数据主要参考临近监测站的监测数据。特殊海岛保护区及大型有居民海岛等需要进行大气环境实地监测，可参照我国陆域环境空气监测方法。

一、名词解释

大气污染源(Air pollution sources)：大气污染源分人为污染源和自然污染源，自然污染源包括火山喷发、森林着火、风吹扬尘等；人为污染源是指人类社会活动所形成的污染源，是环境保护研究和控制的主要对象。

二、调查内容

岛陆生态系统大气环境调查的内容可分为空气污染物基本项目浓度限值监测和空气污

染物其他项目浓度限值监测两大类。空气污染物基本项目监测指标有：二氧化硫(SO_2)、二氧化氮(NO_2)、一氧化碳(CO)、臭氧(O_3)、可吸入颗粒物(PM_{10})及细颗粒物($PM_{2.5}$)。空气污染物其他项目监测指标有：总悬浮颗粒物(TSP)、氮氧化物(NO_x)、铅(Pb)及苯并[α]芘(BaP)。

三、调查方法与技术要求

(一)监测布点

海岛大气环境监测中，采样点位置和数量的确定是关键环节，它们对所测数据的代表性和实用性具有决定性作用。

监测点设置的数量应根据海岛的面积和性质、区域大气污染状况和发展趋势、功能布局和敏感受体的分布，结合地形、污染气象等自然因素综合考虑确定。

监测点的位置应具有较好的代表性，设点的测量值能反映一定范围地区的大气环境污染的水平和规律。另外，设点时应考虑自然地理环境、交通和工作条件，使监测点尽可能分布比较均匀，又方便工作。监测点周围应开阔，采样口水平线与周围建筑物高度的夹角应不大于30°。监测点周围应没有局地污染源，并应避开树木和吸附能力较强的建筑物。原则上应在20 m以内没有局地污染源，在15 ~ 20 m以内避开绿色乔木、灌木，在建筑物高度的2.5倍距离内避开建筑物。

监测点位置的布设方法大致有网格布点法、同心圆多方位布点法、扇形布点法、配对布点法及功能分区布点法5种。

1. 网格布点法

网格布点这种布点法适用于监测大气污染源分布非常分散(面源为主)的情况。具体布点方法是：把监测区域分割成若干个1 km × 1 km的正方形网格，根据人力、设备等条件确定布点密度。条件允许，可以在每个网格中心建设一个监测点。否则，可适当降低布点的空间密度。

2. 同心圆多方位布点法

同心圆多方位布点法适用孤立源所在地风向多变的情况。其布点方法是：以排放源为圆心，画出16个或8个方位的射线和若干不同半径的同心圆，同心圆圆周与射线的交点即为监测点。在实际工作中，根据客观条件和需要，往往是在主导风的下风方位布点密些，其他方位布点疏些。确定同心圆半径的原则是：在预计的高浓度区及高浓度与低浓度交接区应密些，其他区疏些。

3. 扇形布点法

扇形布点法适用于评价区域内风向变化不大的情况。其方法步骤是：沿主导风向轴线，从污染源向两侧分别扩出45°、22.5°或更小的夹角(视风向脉动情况而定)的射线，两条射线构成的扇形区即是监测布点区；再在扇形区内作出若干条射线和若干个同心圆弧，圆弧与射线的交点即为待定的监测点。

4. 配对布点法

配对布点法适用于线污染源的情况。例如，对公路和铁路建设工程进行环境影响评价时，在行车道的下风侧，离车道外沿0.5 ~ 1 m处设一个监测点，同时在离该外沿100 m处再设一个监测点。根据道路布局和车流量分布，选择典型路段，用配对法设置监测点。

5. 功能分区布点法

功能分区布点法适用于了解污染物对不同功能区的影响。通常的做法是按工业区、居民稠密区、交通频繁区、清洁区等分别设若干个监测点。此外，通常应在关心点、敏感点(如居民集中区、风景区、文物点、医院、院校等)以及下风向距离最近的村庄布置取样点，往往还需要在上风向(即最小风向)适当位置设置对照点。

(二)监测制度

监测时间和频率的确定，主要考虑当地的气象条件。我国海岛均处于季风气候区，冬、夏季风有明显不同的特征，由于日照和风速的变化，边界层温度层结也有较大的差别。在北方海岛，冬季采暖的能耗量大，扩散条件差，大气污染比较严重。而在夏季，气象条件对扩散有利，又是作物的主要生长季节。因此，一般来说，规模较大的评价项目不得少于二期(夏季、冬季)，较小的评价项目可取一期不利季节，必要时也应做二期。

由于气候存在着周期性的变化，在一天之中，风向、风速、大气稳定度都存在着日变化。同时人们的生产和生活活动也有一定的规律。为了使监测数据具有代表性，《环境空气质量标准》(GB 3095—2012)规定：对二氧化硫(SO_2)、细颗粒物($PM_{2.5}$)等气态污染的小时平均浓度(表3-1)，采样时间至少45 min/h；日均浓度的采样时间至少20 h/d；年平均浓度，每年至少有分布均匀的324个日均值，每月至少有分布均匀的27个日均值。对其他污染物也有类似规定，见表3-2。

表 3-1 环境空气污染物基本项目浓度限值

污染物项目	平均时间	浓度限值		单位
		一级	二级	
二氧化硫(SO_2)	年平均	20	60	μg/m^3
	24 小时平均	50	150	
	1 小时平均	150	500	
二氧化氮(NO_2)	年平均	40	40	
	24 小时平均	80	80	
	1 小时平均	200	200	
一氧化碳(CO)	24 小时平均	4	4	mg/m^3
	1 小时平均	10	10	
臭氧(O_3)	日最大 8 小时平均	100	160	μg/m^3
	1 小时平均	160	200	
可吸入颗粒物(PM_{10}，粒径≤10 μm)	年平均	40	70	
	24 小时平均	50	150	
细颗粒物($PM_{2.5}$，粒径≤2.5 μm)	年平均	15	35	
	24 小时平均	35	75	

表 3-2 环境空气污染物其他项目浓度限值

污染物项目	平均时间	浓度限值		单位
		一级	二级	
总悬浮颗粒物(TSP)	年平均	80	200	μg/m^3
	24 小时平均	120	300	
氮氧化物(NO_x)	年平均	50	50	
	24 小时平均	100	100	
	1 小时平均	250	250	
铅(Pb)	年平均	0.5	0.5	
	季平均	1	150	
苯并[α]芘(BaP)	年平均	0.001	0.001	
	24 小时平均	0.002 5	0.002 5	

另外，环境污染监测应与气象观测同步进行。对于不需要进行气象观测的评价项目，应收集其附近有代表性的气象台站各监测时间的地面风速、风向、气温等资料。

(三)采样及分析方法

对大气环境现状监测来说，采样及分析方法应尽量选择环保部门统一制定的标准方法。对国家尚未统一制定标准方法的监测项目，应充分进行监测分析方法的调查和优选，并且应在进行初次监测时，进行条件试验。

第二节 岛陆土壤环境调查

土壤是岛陆初级生产力生长的基础，我国岛陆土壤共划分为20个土类，即滨海盐土、沼泽土、潮土、风沙土、火山土、粗骨土、石质土、水稻土、磷质石灰土、薄层土、紫色土、灰化土、棕壤、褐土、黄棕壤、黄壤、红壤、赤红壤、砖红壤、燥红土。系统地开展岛陆土壤环境现状调查，包括对土壤种类、结构、质地成分的调查，摸清海岛土壤环境背景值及其利用现状，为土壤资源可持续利用及政府部门科学决策提供理论参考依据。

一、名词解释

土壤环境背景值(Soil environmental background values)：指未受或受人类活动影响少的土壤环境本身的化学元素组成及其含量。

土壤自然剖面(Natural sections)：指交通设施建设、矿产开采、水利工程建设等形成的土壤纵断面。

二、调查内容

岛陆土壤环境调查内容主要有11项：土壤颜色、土壤结构、土壤质地、土壤松紧度、土壤湿度、土壤新生体、土壤侵入体、植物根系、动物活动、土壤酸碱度、石灰反应及土壤质量调查。

三、调查方法与技术要求

(一)资料收集

资料收集包括：①海岛区域的交通图、土壤图、地质图、大比例尺地形图等资料；②区域土类、成土母质等土壤信息资料；③区域遥感与土地利用及其演变过程方面资料；④土壤历史资料和区域工农业生产及排污、污灌、化肥农药使用情况等资料。

(二)样点及剖面监测点布设

1. 样点布设

根据海岛土壤类型(附录3)、开发利用状况、污染源情况和岛陆面积大小布设站位。

样点布设可以采用简单随机法(图 3-1)、分块随机法与网格均匀法。采样点的自然景观应符合土壤环境背景值研究的要求，采样点应选择在被采土壤类型特征明显、地形相对平坦、稳定、植被良好的地点。500 m^2以上的海岛布点数量不少于 3 个。土壤污染状况采样点采集表层土，采样深度 0 ~ 20 cm，土壤样品的采样量为 1 kg 左右。

图 3-1　简单随机法布点采样

2. 土壤剖面布设

对于面积不足 3 km^2，土壤类型较少的海岛，设土壤剖面 1 个；面积在 3 ~ 5 km^2 的海岛设 2 个；面积>5 km^2的海岛，每增 3 km^2增设 1 个，一般不超过 5 个。

在植被野外实地验证点、样地和无样地(样线)调查区域，选择典型地段设置土壤调查剖面，自然剖面(图 3-2)观察面宽度不小于 80 cm，人工剖面规格为长 200 cm、宽(观察面)100 cm、深 150 ~ 200 cm。

对发育于基岩上的土壤，一般挖至出露母岩；对沼泽土、潮土、盐土和水稻土等地下水位较高的土壤，以出现地下水为止；山地丘陵土层较薄时，剖面挖至风化层。挖掘土壤剖面要使观察面向阳，表土和底土分两侧放置。

一般每个剖面采集腐殖质层(A)、淀积层(B)、母质层(C)三层土样；对 B 层发育不完整(不发育)的山地土壤，只采 A、C 两层，采样次序自下而上，每层样品采集 1 kg 左右。

图 3-2　自然剖面采样

1) 土壤发生层次的划分

依据颜色、结构、松紧度、质地、植物根系分布等的差异，粗略划分土层界线，然后再以物理作用、化学作用、生物作用、耕作利用所表现的特征(如物质的淋溶、淀积和新生体的情况等)确定。同时应注意各土层的变化和它们之间的相互关系，划分的各个土层应具鲜明的特点。土层划分后，应从上到下连续记录各层厚度，利用国际标准符号记录，如图 3-3 所示。

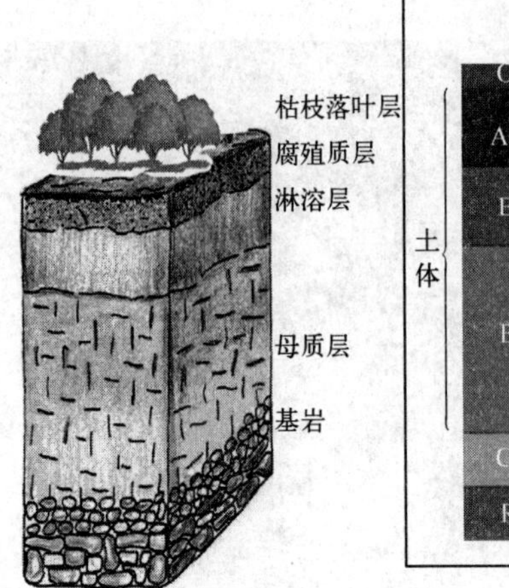

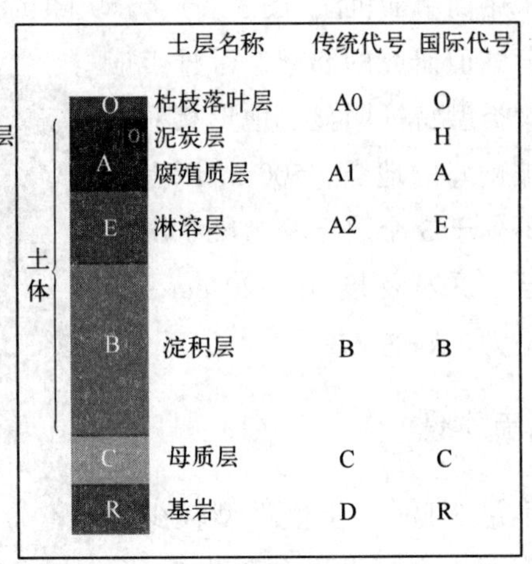

土层名称 传统代号 国际代号
O 枯枝落叶层 A0 O
O 泥炭层 H
A 腐殖质层 A1 A
E 淋溶层 A2 E
土体
B 淀积层 B B
C 母质层 C C
R 基岩 D R

图 3-3 土壤发生层次的划分

2)剖面形态的记述

(1)土壤颜色。利用门塞尔比色卡辨认土壤颜色。比色应在明亮光线下(避免阳光直射)进行，土样应是新鲜、平整、湿润的自然裂面。

(2)土壤结构。各种土壤或同一土壤的不同层次，都可能有不同结构，按照结构体的长、宽、高三轴长度相互关系分成，见表 3-3 所列类。

表 3-3 土壤结构类型分类

结构类型	大小	直径/mm	实物比较
块状结构 (面棱不明显)	大	>100	大于拇指
	小	100 ~ 500	大于拇指
团块状结构 (面棱不明显)	大	50 ~ 30	胡桃
	中	30 ~ 10	黄豆—胡桃
	小	10 ~ 5	小米—黄豆
核状结构 (面棱明显)	大	20 ~ 10	小栗子
	中	10 ~ 7	蚕豆
	小	7 ~ 5	玉米粒
粒状结构 (面棱明显)	大	5 ~ 3	高粱米—黄豆
	中	3 ~ 1	绿豆—小米
	小	1 ~ 0.5	小米
柱状结构 (圆顶形)	大	>50	横断面大小大于 3 指
	中	50 ~ 30	横断面大小为 2 ~ 3 指
	小	<30	横断面大小小于 2 指

续表

结构类型	大小	直径/mm	实物比较
柱状结构（尖顶形）	大	>50	横断面大小大于 3 指
	中	50 ~ 30	横断面大小为 2 ~ 3 指
	小	<30	横断面大小小于 2 指
片状结构	厚	3 ~ 5	薄板
	中	3 ~ 1	硬纸片
	薄	<1	鱼鳞

进行土壤结构描述时，应注意：①只有在土壤湿度较小情况下，对土壤结构的测定，才比较容易进行和得到良好的结构，含水太多时，结构单位膨胀，很难分辨结构的真实面貌；②土壤结构常常不是单一的，对于这种情况应该进行详尽的描述，既要说明其结构种类，又要阐明其剖面内变化。

(3)土壤质地。在野外粗略地了解土壤质地，通常凭手指的感觉和土壤在一定湿度下的外形表现鉴别。这种方法称指感法或卷搓法，具体描述如下。

砾质土：肉眼可看出土壤中含有许多石块、石砾(山地多为砾质土)。土壤干时将小块置于手中，轻轻便可压碎，所含细砂粒肉眼可见；湿时可搓成小块，但稍加压即散开。

砂壤土：湿时可搓成圆球，但不能成条。

轻壤土：湿时能搓成条，但裂开。

中壤土：湿时能搓成完整的细条，如果搓成环时即裂开。

重壤土：能搓成细土条，并可弯成带裂缝的环。

黏土：干时有尖锐角，不易压碎；湿时可搓成光滑的细土条并能弯成完整的环，压扁时也不产生裂缝，还似有光泽。

(4)土壤松紧度。分为松散、疏松、紧实及极紧四种。

松散：铁铲、土钻放在土面上不加压力就能插入土中，土钻拔起时很难带取土壤。

疏松：手指可以插入土中。

紧实：用手指插入土中感到困难，用铅笔、树枝可插入土中。

极紧：铅笔、树枝不能入土。

(5)土壤湿度。分为干、稍润、润、潮及湿 5 种。

干：用嘴吹气，有尘土飞起。

稍润：比干土的含水量略高，用手试之，有凉的感觉。

润：用手可捏成团块，放在纸上，很快使纸变湿。

潮：使手湿润，并可能粘在手上。

湿：水分饱和，可以看出水分从土粒中流出而土体平滑、反光。

(6)土壤新生体。土壤新生体指土壤形成过程的产物，如铁锰结核、粘盘、胶膜、锈斑、网纹等，应详细记载土层中各种新生体的颜色、形状、分布特点。

(7)土壤侵入体。土壤侵入体是指外界侵入土壤中的物体，非成土过程产物，如土壤中的砖头、瓦片和文物等，这些物体标志着土层曾被人为的经济活动作用过，应详细记录。

(8)植物根系。表示植物根系在土层中的分布情况，一般分为多、中、小及无等情况。

多：根系密集，占土体体积40%以上。

中：根系较多，占土体体积20%～40%。

小：根系少，占土体体积20%以下。

无：肉眼难见到根系。

此外，还应说明根系是木本或草本，根的粗细也应记录，用以判断扎根的难易。

(9)动物活动。调查土壤中动物的活动，可以作为判断土壤肥力的间接指标，如蚯蚓、田鼠、蚂蚁、昆虫及幼虫等。还可以结合特定的病虫害防治而配合进行特殊的土壤调查。

(10)土壤酸碱度和石灰反应。

土壤酸碱度：在白瓷盘或汤匙内用酸碱指示剂数滴和土样(如黄豆大小)混合，与标准比色卡相比确定酸碱度。

石灰反应(碳酸碱反应，表3-4)：是指用1∶3的盐酸滴在土块上看有无泡沫情况，起泡则证明土壤中有石灰存在。根据气泡多寡，判断土壤中石灰的含量。

表3-4　土壤石灰反应

反应强弱	反应现象	含量(%)	符号
无反应	无泡沫，也听不到“吱吱”的响声	<1	-
弱反应	少量泡沫，发生缓慢，很快消失	1～3	+
中等反应	泡沫明显而较强，延续时间短	3～5	++
强反应	泡沫强烈，似沸畴状，延续时间长	>5	+++

3)土壤环境质量实验室分析

海岛土壤样品采样后，对土壤污染物分析一般执行环保部颁布的《土壤环境质量农用地土壤污染风险管控标准》，其必测项目包括镉、汞、砷、铅、铜、镍、锌，选测项目包括六六六总量、滴滴涕总量及苯并[α]芘。海岛土壤污染物分析方法见表3-5。

表3-5　海岛土壤污染物分析方法

污染物项目	分析方法
镉	土壤质量　铅、镉的测定　石墨炉原子吸收分光光度法
汞	土壤和沉积物　汞、砷、硒、铋、锑的测定　微波消解/原子荧光法
	土壤质量　总汞、总砷、总铅的测定　原子荧光法第1部分：土壤中总汞的测定
	土壤质量　总汞的测定　冷原子吸收分光光度法
	土壤和沉积物　总汞的测定　催化热解-冷原子吸收分光光度法

续表

污染物项目	分析方法
砷	土壤和沉积物 12 种金属元素的测定 王水提取-电感耦合等离子体质谱法
	土壤和沉积物 汞、砷、硒、铋、锑的测定 微波消解/原子荧光法
	土壤质量 总汞、总砷、总铅的测定 原子荧光法第 2 部分：土壤中总砷的测定
铅	土壤质量 铅、镉的测定 石墨炉原子吸收分光光度法
	土壤和沉积物 无机元素的测定 波长色散 X 射线荧光光谱法
铬	土壤 总铬的测定 火焰原子吸收分光光度法
	土壤和沉积物 无机元素的测定 波长色散 X 射线荧光光谱法
铜	土壤质量 铜、锌的测定 火焰原子吸收分光光度法
	土壤和沉积物 无机元素的测定 波长色散 X 射线荧光光谱法
镍	土壤质量 镍的测定 火焰原子吸收分光光度法
	土壤和沉积物 无机元素的测定 波长色散 X 射线荧光光谱法
锌	土壤质量 铜、锌的测定 火焰原子吸收分光光度法
	土壤和沉积物 无机元素的测定 波长色散 X 射线荧光光谱法
六六六总量	土壤和沉积物 有机氯农药的测定 气相色谱-质谱法
	土壤和沉积物 有机氯农药的测定 气相色谱法
	土壤质量 六六六和滴滴涕的测定 气相色谱法
滴滴涕总量	土壤和沉积物 有机氯农药的测定 气相色谱-质谱法
	土壤和沉积物 有机氯农药的测定 气相色谱法
	土壤质量 六六六和滴滴涕的测定 气相色谱法
苯并[a]芘	土壤和沉积物 多环芳烃的测定 气相色谱-质谱法
	土壤和沉积物 多环芳烃的测定 高效液相色谱法
	土壤和沉积物 半挥发性有机物的测定 气相色谱-质谱法
pH	土壤 pH 值的测定 电位法

第三节 岛陆水环境调查

根据国家海洋局《2016 年海岛统计调查公报》显示，截至 2016 年年底，全国已查明有淡水存储或供应的海岛 681 个，其中有居民海岛 455 个，约占有居民海岛总数的 93%；无居民海岛 226 个，约占无居民海岛总数的 2%。岛陆淡水存储和供应方式主要包括水井、水库、雨水收集、管道引水、船舶或汽车运水及海水淡化。截至 2016 年年底，已建成水库 522 个、大陆引水工程 108 个。

岛陆淡水资源供给量主要受水资源时空分布及水质的影响，其开发利用压力源于淡水资源“量”和“质”两方面的共同制约。我国大部分海岛为基岩岛，岩层富水性差且受地形坡度影响容易流失，淡水资源停留时间较短且降水补给呈现明显的季节差异。有居民海岛人口的剧增对淡水资源污染加剧，不合理、低效率的淡水资源利用使得岛陆淡水资源稀缺性加剧。亟须通过岛陆淡水资源调查，摸清水资源储存及利用现状，适时对水资源规划与管控。

一、名词解释

水资源(Water resource)：大气降水、地表水和地下水统称为水资源，三者相互依存，相互转化，相辅相成。

流域面积(Drainage area)：亦称集水面积，是流域周围分水线与河口(或坝、闸址)断面之间所包围的面积，以 km^2 计。自然条件相似的两个或多个地区，一般流域面积越大的地区，该地区河流的水量越丰富。

地表径流(Surface run-off)：指降水后除直接蒸发、植物截留、渗入地下、填充洼地外，其余经流域面积汇入河槽，并沿河下泄的水流，是水循环(图 3-4)中的重要环节之一。

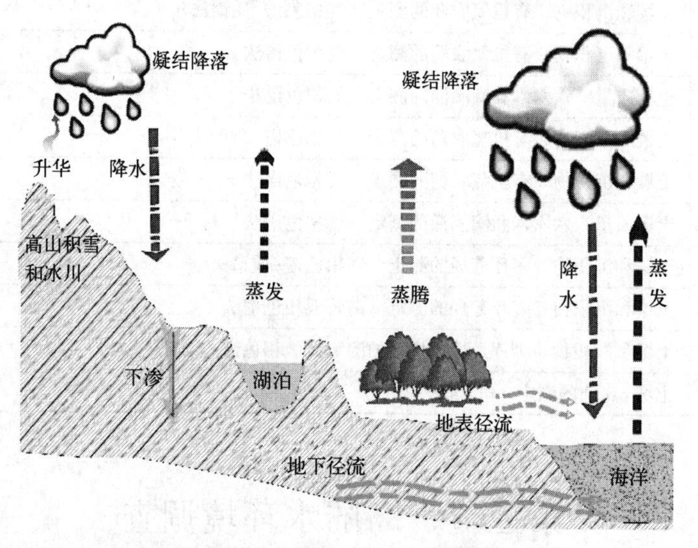

图 3-4　海岛水循环示意图

基岩裂隙水(Bedrock fissure water)：主要分布在山地和高丘陵地带，含水层岩性以侵入岩类、火山岩、火山溶岩为主，地下水赋存在节理、构造裂隙、风化裂隙和张裂隙发育的断裂破碎带。

二、调查内容

岛陆淡水资源调查内容主要包括淡水资源总量、来源及类型、时空分布现状以及淡水水质的调查与分析。

(一)淡水资源调查

对岛陆淡水资源调查包括对岛陆地表水淡水资源、地下水淡水资源以及淡水资源的保护与利用现状进行调查。

1. 地表水淡水资源调查

远岸小岛受自然条件及社会经济制约，仅靠降水补给，部分社会经济条件较好的近岸大岛通过大陆引水工程及海水淡化工程增加淡水资源补给。

1) 水域基本情况

河流、水库或湖泊等水体的位置、面积，地表水水质。

2) 降水

有测站岛屿的多年平均降水量和年降水量时空分布特征(采用建站以来或1980—2010年的年降水量系列资料统计分析)；无测站岛屿的年降水量(结合邻近区域的气象资料获取)。

3) 年径流量

河流年径流量和径流特征(有测站岛屿，采用建站以来或1980—2010年系列径流资料统计分析；无测站岛屿，进行河流径流估算)。

2. 地下水淡水资源

含水层分布、地下水埋深、含水层和隔水层的岩性；泉水出露位置、成因类型、补给来源、流量、水温等；地下水补给量、地下水排泄量等。

3. 淡水资源的保护与利用现状

水井开采位置、开采井数、单井出水量；地下水实际开采量；地下水和地表水水质；水库、山塘(图3-5)、堰闸、灌区、抽水站、蓄洪区、跨流域引水、水土保持等各项水工程的名称、位置、数量、规模和建成时间等。

图3-5　庙子湖岛仰天坪山塘

(二)淡水水质调查与分析

1. 地表水水质调查

地表水水质调查方法包括现场取样分析和实验室分析，现场取样分析参数包括水温、

pH 值、电导率以及色度、嗅和味、肉眼可见物等；实验室分析项目按照《地表水环境质量标准》(GB 3838—2002)执行，必测项目和选测项目见表 3-6。

表 3-6 地表水监测项目

对象	必测项目	选测项目
河流	溶解氧、高锰酸盐指数、化学需氧量、氨氮、总氮、总磷、铜、锌、硒、砷、汞、镉、铅、六价铬、石油类、硫化物	三氯甲烷、甲基汞等
湖泊、水库	溶解氧、高锰酸盐指数、化学需氧量、氨氮、总氮、总磷、铜、锌、硒、砷、汞、镉、铅、六价铬、石油类、硫化物	三氯甲烷、甲基汞、硝酸盐等

2. 地下水水质调查

地下水取样调查方法包括现场取样分析和实验室分析，现场取样分析参数包括水温、pH 值、电导率、色度、嗅和味、肉眼可见物等；实验室分析项目按照地下水环境质量标准进行化验分析，必测项目和选测项目见表 3-7。

表 3-7 地下水监测项目

必测项目	选测项目
氨氮、硝酸盐、砷、汞、六价铬、铅、铁、锰、总硬度、氟、溶解性总固体、硫酸盐、氯化物	滴滴涕、细菌总数、总 α 放射性等

三、调查方法与技术要求

(一)资料收集与整理

资料收集方式包括调访和查阅资料等，资料收集范围包括：①海岛志、海域海岛地名志；②第一次全国海岸带和海涂资源综合调查资料及成果；③第一次全国海岛资源综合调查资料及成果；④“908 专项”海岛调查相关资料及成果；⑤海岛地区淡水资源分布、开发利用现状及其相关图件；⑥海岛地区水文地质相关报告和图集；⑦海图、地形图、遥感影像。

(二)遥感影像预判与解译

对遥感影像进行初步判读解译，给出海岛地表水水域面积和位置，形成初步解译图，给出关键现场验证点(如水域岸线特征点或拐点等)，供踏勘调查参考。

(三)现场调查

调访涵盖地方海岛管理部门、土地部门或者村集体等职能部门以及用岛单位或个人，调访地表水及地下水的分布和利用情况，并实地踏勘验证。

1. 地表水调查

河流长度的确定，采用图件量算和现场测量相结合的方式确定河流长度；河道现场流量的测量采用流速仪和断面测量相结合方式进行。

水库的位置以溢洪道所在大坝的中心点的坐标来确定；水库面积采用图件量算和测量验证的方式获取；水库库容一般为设计库容，对于无设计库容的水库，也可用水利常规方法进行估算获取。

湖泊、塘坝、窖池的位置以取水口或出水口的坐标来确定；湖泊、塘坝、窖池的面积和库容的确定参照水库调查方法确定。

2. 地下水调查

现场取样分析采用 pH 计、水温计和电导率仪及其他便携式仪器，初步鉴定是否为咸淡水，并决定是否采集实验室样品；实验室淡水样品采用定深取样器或简易取样设施获取；泉水样品直接在出流处采集。

地表水和地下水样品取样深度应位于水面以下 0.5 m 水深处，当水深小于 0.5 m 时，应在 1/2 水深处采样。

3. 现场测量和样品采集

水资源调查应结合遥感解译图件，登岛现场调查，实地获取海岛淡水资源分布及利用现状信息，对泉水、水井等重要的特征点进行定位和记录，并进行拍照和录像；水环境质量调查力求以最低的采样频次，取得最有时间代表性的样品，既要满足反映水质状况的要求，又要切实可行；采样与布点参照《地表水和污水监测技术规范》(HJ/T 91—2002)。

4. 淡水资源的环境质量调查与分析

1) 地表水水质调查

现场取样分析采用 pH 计、水温计和其他便携式仪器进行测量分析；实验室样品的采集，河流取样点应避开死水及回水区，选择河段顺直、河岸稳定、水流平缓、无急流湍滩的上、中、下游典型断面，选择下游断面时，应避开潮汐的影响采集，样品要有代表性。一般情况下，湖泊、水库等水体的取样位点宜选在取水口或出流口处采集，取样站位为 1 站；对于面积较大的水库或湖泊，可在水库或湖泊的中心处增设 1 个取样站位。

2) 地下水水质调查

地下水现场取样分析采用 pH 计、水温计、电导率仪及其他便携式仪器，初步鉴定是否为咸淡水，并决定是否采集实验室样品；实验室淡水样品采用定深取样器或简易取样设施获取；泉水样品直接在出流处采集。

(四)调查仪器及技术要求

多媒体设备：照相机，带有 GPS 定位、不低于 500 万像素；摄像机，采用“AVI”格式，分辨率不低于 1 024 × 768，连续摄像时间不少于 15 s。

精度要求：平面定位准确度优于 1 m；遥感影像的空间分辨率优于 1 m。

比例尺要求：淡水资源专题图件根据海岛面积大小确定成图比例尺。面积小于 1 km^2 的海岛成图比例尺为 1 : 5 000；面积在 1~ 100 km^2 的海岛成图比例尺 1 : 10 000；其他海岛成图比例尺不大于 1 : 25 000。

第四节　岛陆生物资源调查

岛陆生物种类具有生态位不完整、特有种比重高、易遭生物入侵等特征。在海岛地区快速城镇化进程中，加强对岛陆生物资源调查力度，有利于为科学合理地制定生物资源保护规划提供依据，有利于保障岛陆生物资源多样性，促进海岛地区人地关系的和谐。岛陆生物资源调查包括对岛陆植被资源(含潮间带盐生植被)和岛陆动物资源的调查。

一、名词解释

优势种(Dominant species)：指生物群落中个体数量多、体积和(或)生物量大、覆盖地面程度也大的物种。一个生物群落中优势种可有多种动植物和微生物种类。

共建种(Co-constructive species)：指生物群落中两个以上的建群种。通常出现在生态环境优越、种类复杂的生物群落中。

伴生种(Aauxiliary species)：指生物群落中经常出现的非优势种。

偶见种(Rare species)：指生物群落中仅偶然出现的物种。

关键种(Key species)：指食物网中处于关键环节，起到控制作用的物种。

二、岛陆植被资源调查内容与方法

岛陆植被以针叶林、草丛、农作物群落为主体，分布具有明显的地带性和非地带性。其中，地带性分布的植被多为岛陆生态系统成林的高等植物，如乔木、灌木；非地带性的广布种多为潮间带生态系统的草甸、沼泽和水生、盐生的植被。

滨海盐生植被，可划分为草本盐生植被和木本盐生植被两种；滨海沙生植被可划分为沙生草丛和沙生灌丛；沼生植被和水生植被重要代表是芦苇群落和大米草群落。

(一)岛陆植被常规调查内容与方法

1. 岛陆植被调查内容

植被类型(附录2)、面积与分布；植物群落的种类组成与结构；植被的保护与利用现状。

植物种类、名称、用途及其生态环境；特色、珍稀、濒危植物种类及特征；植物区系特征。

2. 岛陆植被调查方法

以资料收集、遥感调查为主，结合必要的现场补充调查验证。

1)资料收集

资料收集包括：①不同时相的遥感资料；②不同历史时期海岛植被调查数据和报告；③海岛土地利用现状与规划资料；④沿海县土壤普查资料(县级土壤志)。

2)遥感影像判读与解译

(1)遥感影像预处理：对遥感影像进行包括影像的校正(正射校正与坐标校正)、拼接、增强等处理；

(2)遥感影像解译：对经过预处理的遥感影像特征(如形状、大小、色调、位置和布局等)进行分析，建立植被类型的解译标志和分类样本库，提取植被信息，形成解译图。

3)野外实地验证与现场调查

同步开展遥感影像解译图的野外实地验证和典型植物群落的现场调查。

(1)野外实地验证：对遥感影像解译图进行野外实地验证，定位验证点、拍摄相应的现场实况照片，并做现场记录。

(2)现场调查：采用样地和无样地(样线)调查法对典型植物群落进行现场调查。

(3)群落环境条件调查：包括地理位置、地形条件、水文地质条件、土壤和地质条件、动物活动、人类影响等。

(4)群落属性标志调查：包括分层结构、物候期、生活力、多度等。

(5)植物种类调查：包括采集制作代表植物标本，记载植物标本的中文名及学名、用途、使用部位及其生境，拍摄植物个体及生境照片并记录。

(二)岛陆植物群落样地调查内容与方法

1. 岛陆植物群落样地调查内容

海岛植物群落样地调查包括对植物自然生长环境条件的调查及植物群落属性调查两部分。

1)生长环境条件调查

生长环境条件调查包括地理位置、地形条件(包括海拔高度、坡向、坡度、地形起伏与侵蚀状况、微地形等)、水文地质条件(湿度、地下水水位和化学性质等)、土壤和地质条件(包括剖面特征，母岩、母质特性等)、动物活动(各类生物对植物群落的影响)、人类影响(包括砍伐、栽种、开垦、放牧、挖药、火灾等方面的强度、持续时间和频度等)。

2)植物群落属性调查

(1)群落分层结构：分为乔木层(图3-6)、灌木层(图3-7)、草本层(图3-8)、地被层(苔藓地衣，图3-9)4个基本层。乔木的幼苗高度不一，无论混生于哪一层皆应单独记录其各种特征，层间植物(藤本植物或附生植物)单做记载，并同时对优势种(含建群种)、伴生种进行登记，同时确定群丛名称。

图3-6　舟山长岗山国家森林公园乔木

图3-7　舟山朱家尖南沙灌木丛

图3-8　舟山庙子湖岛草丛

图3-9　舟山庙子湖岛基岩地衣

(2)物候期：分为萌动、抽条、花前营养期、花蕾期、花期、结实、果(落)后营养期、(地上部分)枯死。

(3)生活力：分为三级生活力。强(3)：植物发育良好，枝干发达，叶子大小和色泽正常，能够结实或有良好的营养繁殖；中(2)：植物枝叶的发展和繁殖能力都不强，或者营养生长虽然较好而不能正常结实繁殖；弱(1)：植物达不到正常的生长状态，显然受到抑制，甚至不能结实。

(4)植物数量：采用德鲁提(Drude)的七级制多度。

SOC (Sociales)：植物地上部分密集形成背景(达 90% 以上)；

COP_3(Copiosae Ⅲ)：植物数量很多(达 70% ~ 90%)；

COP_2(Copiosae Ⅱ)：植物数量多(达 50% ~ 70%)；

COP_1(Copiosae Ⅰ)：植物数量较多(达 30% ~ 50%)；

SP (Sparsae)：植物数量较少而分散(达 10% ~ 30%)；

SOL (Solitariae)：植物很少(在 10% 以下)；

Un (Unicun)：在样地中只有一株。

2. 岛陆植物群落样地调查方法

1)样地布设

依据海岛植被类型及分布特点，在相似生境下同一类型植物群落中布设。

2)样地数目

依群落结构的复杂程度而定，群落内部植物分布和结构较均一时，样地数目不少于3个；当群落结构复杂并且变化较大，植物分布不规则时，样地数目须适当增加，以提高调查资料的可靠性。

3)样地面积

植被群落样地的最小取样面积：草本为 1 m × 1 m(图 3-10)；灌木为 5 m × 5 m；乔木为 10 m × 10 m。

图 3-10　舟山大鱼山岛草本群落 1 m × 1 m 取样现场图

(三)岛陆植被无样地调查内容与方法

1. 随机点四分法

随机点四分法又称中点方角法，用以确定森林群落树种的重要值对于随机选定的测点，划分为四个象限，或在测线上补充一条通过测点垂直测线的线段，或在地段内部通过随机点作两条互相垂直的线，再从随机点的四个象限内各取最靠近测点的一株。

2. 样线(带)法

在一个群落种的较典型地段以样绳截取 30 ~ 50 m 地段数段，记载该段(带)上 1 m 宽度范围内的所有植物种类，并绘制剖面图。

三、岛陆动物资源调查内容与方法

大多数岛陆缺乏大型哺乳动物，其他物种可取代哺乳动物的生态地位，岛陆生物有较高比例的特有种。

(一)调查内容

岛陆动物资源调查内容主要有：①野生动物分布现状；②野生动物栖息地现状；③野生动物种群数量及变动趋势；④野生动物及其栖息地受威胁因素；⑤野生动物及其栖息地保护现状。

(二)调查方法及技术要求

1. 野生动物分布调查

采用访问调查法及资料查询法。近 5 年内有人见到某种动物或者存在某种动物出现的确切证据的，认为该物种在该区内有分布。

野外调查发现某种野生动物实体或活动痕迹的，认为该物种在区内有分布。

2. 野生动物栖息地调查

1) 栖息地类型

结合野生种群数量调查进行栖息地调查。发现野生动物实体或活动痕迹时，记录动物或活动痕迹所在地的栖息地类型、干扰状况和保护状况。

栖息地为天然植被或人工林的，记录其植被类型；栖息地为无植被的水面的，依据《湿地公约》，描述到类，即沼泽、湖泊、河流、河口、滩涂、浅海湿地、珊瑚礁、人工湿地；栖息地为农田的，记录到水田或旱地。

2) 干扰状况

干扰类型分为人为干扰、牲畜干扰、建筑干扰及其他干扰。

(1) 人为干扰：由于人为活动所带来的直接干扰。

(2) 牲畜干扰：牛、马、羊、骆驼等家畜活动带来的干扰。

(3) 建筑物干扰：道路、桥梁、房舍等建筑设施对栖息地的分割、破坏。

(4)其他干扰：以上干扰之外的干扰。

干扰强度分为强、中、弱、无。

(1)强：指栖息地受到严重干扰，植被基本消失，野生动物难以进行栖息繁衍。

(2)中：指栖息地受到干扰，植被部分消失，但干扰消失后，植被仍可恢复，野生动物栖息繁衍受到一定程度影响，但仍然可以进行栖息繁衍。

(3)弱：栖息地受到一定干扰，但植被基本保持原样，对野生动物栖息繁衍影响不大。

(4)无：栖息地没有受到干扰，植被保持原始状态，对野生动物栖息繁衍没有影响。

3. 野生种群调查

1)兽类

北方地区宜在存雪期间进行调查。

(1)样线法：适于草食动物的调查。样线上行进的速度根据调查工具确定，步行宜为每小时 1 ~ 2 km。不宜使用摩托车等噪声较大的交通工具进行调查。发现动物实体或其痕迹时，记录动物名称、数量、痕迹种类、痕迹数量及距离样线中线的垂直距离、地理位置、影像等信息。同时记录样线调查的行进航迹。

(2)直接计数法：适于大规模集群繁殖或栖息的兽类调查。首先通过访问调查、历史资料等确定动物集群时间、地点、范围，并在地图上标出。在动物集群期间进行调查，记录集群地的位置、动物种类、数量、影像等信息。

2)鸟类

应分繁殖期和越冬期分别进行鸟类数量调查。繁殖期和越冬期调查都应在大多数种类的种群数量相对稳定的时期内进行。一般繁殖期为每年的 4—7 月，越冬期为 12 月至翌年 2 月。各地应根据本地的物候特点予以确定。调查应在晴朗、风力不大(三级以下风力)的天气条件下进行。调查应在清晨或傍晚鸟类活动高峰期进行。

(1)样线法：样线上行进的速度根据调查工具确定，步行宜为每小时 1 ~ 2 km。不宜使用摩托车等噪声较大的交通工具进行调查。发现鸟类时，记录鸟类名称、数量、距离样线中线的垂直距离、地理位置、影像等信息。同时记录样线调查的行进航迹。

(2)样点法：适于小型鸟类调查。在调查样区设置一定数量的样点，样点设置应不违背随机原则，样点数量应有效地估计大多数鸟类的密度。样点半径的设置应使调查人员能发现观测范围内的鸟类。在森林、灌丛内设置的样点半径不大于 25 m，在开阔地设置的样点半径不大于 50 m。样点间距不少于 200 m。

到达样点后，宜安静休息 5 min 后，以调查人员所在地为样点中心，观察并记录四周发现的鸟类名称、数量、距离样点中心距离、影像等信息。每个样点的计数时间为 10 min。每只鸟只记录一次，飞出又飞回的鸟不进行计数。

(3)直接计数法：适于集群繁殖或栖息的鸟类调查。首先通过访问调查、历史资料等确定鸟类集群时间、地点、范围等信息，并在地图上标出。在鸟类集群时进行调查，计数鸟类数量。记录集群地的位置、鸟类的种类、数量、影像等信息。

3)爬行类

调查季节应为出蛰后的1 ~ 5个月内，调查时间根据爬行类动物种类及习性确定。

(1)样线法：在爬行动物栖息地随机布设样线，调查人员在样线上行进，发现动物时，记录动物名称、数量、距离样线中线的垂直距离、地理位置、影像等信息。

样线上行进的速度根据调查工具确定，步行宜为每小时1 ~ 2 km。不宜使用摩托车等噪声较大的交通工具进行调查。同时记录样线调查的行进航迹。

(2)样方法：在爬行动物栖息地随机布设50 m × 100 m 的样方，仔细搜索并记录发现的动物名称、数量、影像等信息。

4)两栖类

调查季节应为出蛰后的1 ~ 5个月内，调查时间为晚上(日落后0.5~ 4 h)。

(1)样线法：适用于溪流型两栖动物调查。沿溪流随机布设样线，沿样线行进，仔细搜索样线两侧的两栖动物，发现动物时，记录动物名称、数量、距离样线中线的垂直距离、地理位置、影像等信息。同时记录样线调查的行进航迹。仅对成体进行计数。

样线上行进的速度根据调查工具确定，步行宜为每小时1 ~ 2 km。不宜使用摩托车等噪声较大的交通工具进行调查。

(2)样方法：适用于非溪流型两栖动物调查。在调查样区确定两栖动物的栖息地，在栖息地上随机布设8 m × 8 m样方。至少4人同时从样方四边向样方中心行进，仔细搜索并记录发现的动物名称、数量、影像等。仅对成体进行计数。

第四章　潮间带生态环境调查

☞［教学目标］

潮间带是兼具海陆特性的敏感区域，本章主要介绍潮间带系统生态环境调查，包括潮间带岛滩资源调查、潮间带沉积环境调查、潮间带生物资源调查及潮间带典型生态系统调查四部分。通过本章学习，主要掌握潮间带生态系统中岛滩资源、沉积环境、生物资源和典型生态系统的调查内容及方法。

第一节　潮间带岛滩资源调查

潮间带生态系统由自然生态系统和人类生态系统组成。自然系统包括不同的海岸特征和生态系统，如基岩海岸、沙质海岸、河口潟湖、三角洲、湿地、珊瑚礁等，这些因素有助于指示和确定潮间带向海、向陆的界限。人类生态系统包括内置的环境、人类活动。人类生态系统和自然生态系统形成一个紧密耦合的潮间带生态系统。

潮间带起到气候调节、物质供应、文化服务等功能(MEA，2005)，但潮间带生态系统服务功能随着气候变化诱发的自然灾害及人为破坏的压力而不断退化。因此，必须通过对潮间带生态系统的调查，摸清其资源及系统状态，适时对潮间带生态系统进行管控与整治修复，有利于促进潮间带生态系统服务功能的稳定。本文统称海岛潮间带为岛滩，对其调查包括数量要素、质量要素及保护与利用状况。

一、名词解释

岛滩(Island beach)：指位于海岛沿岸，平均大潮高潮位与平均大潮低潮位之间的潮间带区域。在我国具体指海岸线与海图零米线之间的地带。

岩滩(Rock beach)：指在海平面趋于稳定的时期，由于海蚀崖不断地遭侵蚀后退，在崖脚处形成的缓缓向海倾斜的基岩平台，又称海蚀平台。

潮滩(Tidal flat)：指由潮汐作用形成的松散沉积物堆积体。沉积物类型包括黏土、粉砂、黏土质粉砂及粉砂质黏土。

礁坪(Reef flat)：指低潮位时出露的由珊瑚礁岩形成的宽广平台。

二、调查内容

潮间带资源调查内容分为两部分：岛滩资源数量调查、岛滩自然地貌及利用现状调查。

三、调查方法与技术要求

(一)岛滩资源数量调查方法与要求

岛滩资源数量调查包括外业(现场调查)与内业(实验室遥感分析与统计)。采用点(观测点、采样点、验证点)、线(沿程踏勘、观测剖面)、面(卫星遥感或航空遥感探测)相结合的立体方式进行岛滩资源调查。点、线的布设应满足成图比例尺的要求；遥感影像数据的分辨率、波段、时相等应满足调查要素判识和成图比例尺的要求。

1. 现场调查与技术要求

与海岛岸线现场调查同步进行沿程踏勘，与岛滩地形地貌剖面测量同步进行剖面观测，拍摄岛滩数码照片，以经验判识岛滩类型。岛滩类型包括岩滩、砾石滩、砂质海滩、粉砂淤泥质滩(潮滩)、生物滩5类(图4-1至图4-6)。

图4-1　舟山朱家尖岛岩滩

图4-2　舟山朱家尖岛砂质海滩

图 4-3 舟山长峙岛泥滩

图 4-4 舟山朱家尖岛砾石滩

图 4-5 海口市东寨港红树林海岸

（图片来源：中国国家地理网站）

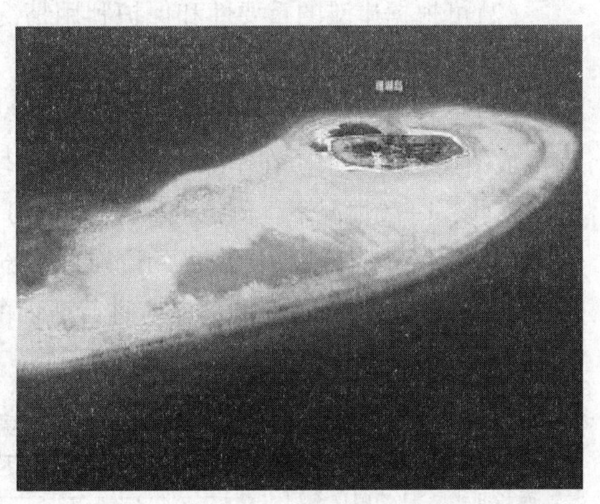

图 4-6 三沙市珊瑚岛珊瑚礁滩

（图片来源：中国国家地理网站）

2. 岛滩资源数量的量算与统计

1）遥感解译

收集最新的大比例尺遥感影像(航空、卫星)，建立岛滩类型解译标志，根据岛滩现场调查验证数据，判读解译各海岛岛滩类型及分布。

2）专题图制作

在基础地理底图的基础上，以调查得到的现状海岸线位置为上界，以最新的大比例尺海图 0 m 线为下限，制作大比例尺岛滩类型分布专题图。

3)量算与统计

在岛滩类型分布专题图基础上，计算每个海岛的各滩类型及其面积。按照岛滩类型、行政区划单元、海岛单元的划分，统计分析岛滩的类型、位置、面积与分布。

(二)岛滩自然地貌及利用现状调查方法与要求

岛滩资源自然地貌调查，主要采用现场测量与观察的方法。岛滩资源的可持续利用源于合理的开发与保护模式，因此在摸清岛滩自然地貌基础上，必须对其开发利用及保护现状进一步调研。

1. 现场调查路线、剖面、观测点设置

(1)结合海岛岸线测量等专题调查，沿程进行海岛岸滩地貌类型及分布观测，在变化复杂及有特殊现象的区域应设观测点(不同潮间带类型及其交界处、特殊地貌类型及其转折处、人为因素对岸滩地貌有特殊影响处等)。

(2)可根据岸滩的重要性和保护利用情况，选择有代表性的岸滩设置观测剖面，进行地形地貌剖面测量。

(3)岸滩地貌观测点应根据岸滩地貌类型、沉积物变化、冲淤变化等合理布设，并能满足成图比例尺要求。在岸滩地形变化的地段应加密观测点。每条剖面能反映岸滩地形的起伏变化，一般情况下，测点间距不大于 10 m。

(4)一般情况下，每个海岛的岸滩地形剖面调查不少于 1 条；对于具有旅游价值的岛滩或者具有维护海洋权益的岛滩应进行滩面的加密测量和多次重复测量，观测坡面设计要求见表 4-1。

表 4-1　岛滩观测剖面设计要求

海岛面积	调查类别	岛滩类型			备注
		岩滩	砾滩、沙滩	潮滩(含生物滩)	
小于 500 m^2	地形地貌	1	1	1	无明显滩地发育，则不布设观测剖面
	底质		1	1	
	底栖生物	1	1	1	
500 m^2 ~ 1 km^2	地形地貌	1	按 100 m 间隔	按 500 m 间隔	如有各类滩地发育，则各布设至少 1 个剖面
	底质		按 100 m 间隔	按 500 m 间隔	
	底栖生物	1	按 500 m 间隔	按 500 m 间隔	
大于 1 km^2	地形地貌	按 2 000 m 间隔	按 100 m 间隔	按 500 m 间隔	
	底质		按 100 m 间隔	按 500 m 间隔	
	底栖生物	按 2 000 m 间隔	按 500 m 间隔	按 2 000 m 间隔	

2. 野外调查记录

野外调查中应注意以下 5 点：①观测点应按调查规定编号，准确记录位置并在工作底图上标明；②冲淤变化强烈的区域应在工作底图上用具体符号进行标绘；③对典型岸段现象应绘制素描图或拍摄照片和摄像；④观察记录应详细，测量数据应准确；⑤应按岸滩地形地貌调查汇总表的要求填写各观测点的相关内容。

3. 岛滩利用与保护现状调查

通过调研、了解岛滩资源的保护与利用状况(有无海域使用权证)。并结合海岛岸线及岛滩剖面踏勘，记录岛滩资源的保护和开发利用现状。以现场拍照、摄像记录为主并填写登记表。岛滩利用类型参照《海域使用分类》(HY/T 123—2009)；岛滩保护类型及级别参照《海洋特别保护区分类分级标准》(HY/T 117—2010)、《海洋自然保护区类型与级别划分原则》(GB/T 17504—1998)等。

(三)调查仪器及要求

(1)调查仪器应采用 RTK 或全站仪等。

(2)测量仪器的准确度：平面定位 0.2 m、高程 0.1 m。

第二节　潮间带沉积环境调查

海岛潮间带沉积物主要来源是岛陆基岩风化物及各种应力作用下进入的岛陆陆源碎屑物，其特征主要取决于物质的来源和形成时的动力环境。潮间带沉积环境是底栖生物栖息地、鸟类迁徙中转站及海陆物质交换、污染物接纳与自净的重要场所，记录了各种污染物质的来源、分布、迁徙和转化的历史。潮间带沉积环境调查，是追溯海洋污染历史、揭示岛滩环境演化特征和人类活动影响程度的重要工具。

一、名词解释

陆源碎屑物(Terrigenous clast)：指陆源区母岩经物理风化或机械破坏而形成的碎屑物质。

分带性(Zonality)：指自然环境各要素在地表近于带状延伸分布，沿一定方向递变的规律性。

二、调查内容

潮间带沉积环境调查内容包括底质类型、特征与分布。

三、调查方法与技术要求

潮间带沉积环境是影响潮间带沉积物属性的主要因素。潮间带沉积物属性及化合物含量在水平和垂直空间分布上存在分带性。样品采集方法的科学性在很大程度上决定了沉积物质量评估结果的可靠性。因此，样品采集方案必须要充分考虑沉积环境调查的目的，并掌握研究区域历史及现有的数据。

（一）资料收集

调查时应收集下列资料：①海岛遥感影像资料；②历史地形图、海图；③土地利用现状图、海洋功能区划图、开发规划图；④海岛底质调查历史资料；⑤沿海工程地质、环境地质图件和资料；⑥各类海洋、海岸工程建设项目有关资料等。

（二）底质调查剖面与站位布设

底质调查剖面与站位布设的具体要求：①可根据岸段的重要性、历史资料和开发利用情况，选择有代表性的岸段设置底质调查剖面，且剖面位置尽量与岸滩综合观测剖面一致；②在每个剖面的高滩、中滩和低滩至少布设一个站位，采集表层底质样，并进行位置测量，若滩地较宽可适当加密站位；③根据任务要求，可在重点海岛的潮间带上布设柱状采样站位；④底质调查剖面与站位布设，应满足成图比例尺要求并填写表4–2。

表4–2　岛滩剖面综合观测记录表

项目名称：　　　　　　　　　　　　　　　　　　　　第　页　共　页

海岛名称：　　　　　　　　　　　　　　　　　调查日期：　年　月　日

<table>
<tr><td colspan="2">剖面号：</td><td>方位：</td></tr>
<tr><td colspan="2">沉积、地形地貌及形态特征界线等要素描述：</td><td>周边描述：</td></tr>
<tr><td colspan="3">剖面示意图：</td></tr>
<tr><td>剖面测量记录文件：</td><td>数码影像记录文件：</td><td>沉积物采样记录：</td></tr>
<tr><td colspan="3">其他重要事项（如控制点等）：</td></tr>
</table>

观测人：　　　　　　　　　　　　记录人：　　　　　　　　　　　　校对人：

(三) 表层样品采集及要求

表层样品采集具体要求如下：①采样点应按调查规定编号，准确记录位置并在工作底图上标明；②对沉积物的颜色、气味、物质组成、分选性等进行常规描述；对典型的、有特殊意义的地质现象要进行详细描述和拍摄照片；③每个表层样品采集至少 1 000 g，柱状样品长度不应少于 100 cm；④表层样品可用土样袋、玻璃瓶、塑料袋包装，孢粉微古、放射性测年等样本需密封包装，并贴上样品标签(图 4-7、图 4-8)。

图 4-7　舟山长峙岛泥样采样

图 4-8　舟山长峙岛泥样

(四) 柱状沉积物样品采集及要求

柱状沉积物样品采集具体要求如下：①检查采样器牢固性后，将样管数值放置取样点，用力下压，使得取样管地段数值进入沉积物中；②将垫板平放在取样管顶端，用击打锤击打，直至取样管内样品距端口 10 cm 左右，以使橡胶塞与样品零接触；③用橡胶塞将取样管顶端封堵，轻轻击打，使其与样品间的空气通过小孔排出，然后用螺丝钉将小孔堵上；④用铁锹在取样管周围开挖一定深度，使得绳索能够缠绕固定取样管，然后将其缓慢提出，同时观察管内样品完整情况(可能因负压作用导致样品的滑落，此时应稍做停顿，待样品自动回升后再继续进行)；⑤将管帽封堵取样管地段，清洁取样管，样品要放在特别设计的样品箱内，做好标记。

(五) 调查仪器

表层底质采集采用各种可行的采样器，如蚌式采泥器、小型抓斗(图 4-9)；平铲(图 4-10)；柱状样品采集可采用浅钻等设备。定位仪器标称准确度应优于 1 m。

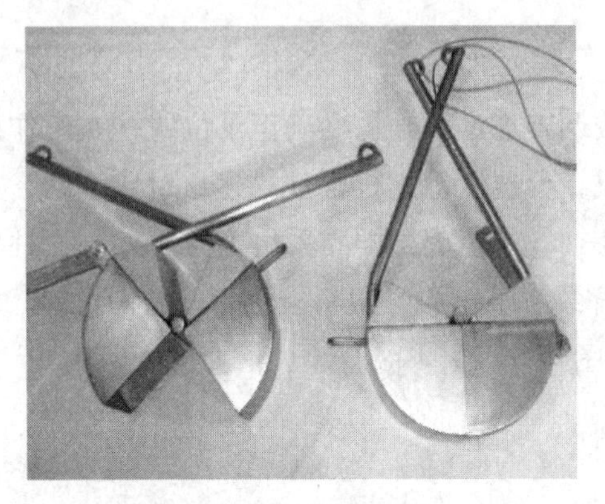

图 4-9　小型抓斗

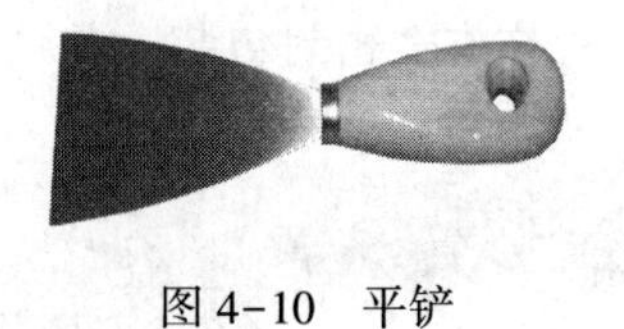

图 4-10　平铲

第三节　潮间带生物资源调查

潮间带作为海陆过渡地带，是海洋生态系统中生产力较高的区域(黄雅琴等，2010)，同时也是最为敏感的区域之一(王宝强等，2011)。潮间带由于交替暴露于空气和淹没于水中，光照、温度与盐度变化剧烈，环境复杂多变。同时受波浪、潮汐、河流的冲刷作用，其底质非沉积物也会发生较大的变化。复杂的生境使生活在潮间带的生物种类能耐受恶劣环境条件的考验，它们对温度、盐度、光照的变化及干燥环境有较大的适应性与耐受力，这也是导致潮间带生物垂直分带形成的原因。潮间带生物调查的目的是在自然条件下观察、分析某一些生物对周围生物及其生境的反应，通常包括生物调查和生境观察两个部分。

一、名词解释

生物量(Biomass)：在任何一个时刻，所有生物的单位面积干物质重量或总内能的储存量，单位为 g/m^3。

栖息密度(Inhabiting density)：指每一种群单位空间的个体数(或作为其指标的生物量)，也称为个体密度或种群密度。

二、调查内容

潮间带不同生境下的生物种类及数量差别很大，潮间带生物调查内容包括不同生境(滩涂及岩石岸)的底栖动物、底栖植物的种类组成、数量(栖息密度、生物量或现存量)及其水平分布和垂直分布状况。

三、调查方法与技术要求

(一)调查地点和断面的选择

对潮间带生物资源调查，应该基于对海岸地貌自然属性的界定，对于不同属性的潮间带选取不同数量的、具有代表性的断面。

(1)调查地点和断面的选择必须根据调查目的而定。通常应选择具有代表性的、滩面底质类型相对均匀、潮间带较完整、无人为破坏或人为扰动较小且相对较稳定的地点或调查断面。

(2)在调查海区内必须选择不同生境(如泥滩、泥沙滩、沙滩和岩石岸)的潮间带断面(不少于3条断面)，每条断面不少于5个站。岩石岸每个站不少于2个定量样方，泥滩、泥沙滩不少于4个定量样方，沙滩不少于8个定量样方。断面位置应有GPS定位或陆上标志，走向应与海岸垂直。

(3)若做污染评估，应在远离污染源的地方，选一生态特征大体相似的区域作为对照点。

(二)调查时间

潮间带生物采样必须在大潮期间进行。或在大潮期间进行低潮区取样，小潮期间再进行高、中潮区的取样。

对于基础(背景)调查，通常按春季、夏季、秋季和冬季进行一年4个季度月调查。对于一些专项调查，根据要求可选择春、秋季2个季度月进行调查。

(三)潮间带的划分及取样站布设

应根据当地的潮汐水位参数或岸滩生物的垂直分布，将潮间带划分为高潮区、中潮区和低潮区。高潮区：上层、下层；中潮区：上层、中层、下层；低潮区：上层、下层(表4-3)。

表4-3　潮间带划分方法

潮汐水位参数划分法	半日潮类型	高潮区(带)：最高高潮线至小潮高潮线之间的地带
		中潮区(带)：小潮高潮线至小潮低潮线之间的地带
		低潮区(带)：小潮低潮线至最低低潮线之间的地带
	日潮类型	高潮区(带)：回归潮高潮线至分点潮高潮线之间的地带
		中潮区(带)：分点潮高潮线至分点潮低潮线之间的地带
		低潮区(带)：分点潮低潮线至回归潮低潮线之间的地带
	混合潮类型	高潮区(带)：高高潮线至低高潮线之间的地带
		中潮区(带)：低高潮线至高低潮线之间的地带
		低潮区(带)：高低潮线至低低潮线之间的地带

续表

生物垂直分布带划分法	根据生物群落在潮间带的垂直分布来划分，由于生物群落可随纬度高低、底质类型、外海内湾、盐度梯度、向浪背浪、背阴向阳等复杂环境因素的不同而改变，因此，要提供一个统一模式是困难的。一般而言，岩石岸大体分为滨螺带、藤壶—牡蛎带及藻类带。各地在调查时可根据各区、层的群落优势种给予更确切的命名
	在外侧沿岸和岛屿，因受浪击的影响，生物种类的分布超过高潮区时，应测量生物带的高度，也应在生物带相应的部位进行样品的采集

取样站布设通常在高潮区布设 2 站，中潮区布设 3 站，低潮区布设 1 站或 2 站。在滩面较短的潮间带，高潮区布设 1 站、中潮区布设 3 站、低潮区布设 1 站。

(四)采样面积

硬相(岩石岸)生物取样，用 25 cm × 25 cm 的定量框取 2 个样方，在生物密集区取样，采用 10 cm × 10 cm 定量框取样。软相(泥滩、泥沙滩、沙滩)生物取样，用 25 cm × 25 cm × 30 cm 的定量框取 4~8 个样方。同时，进行定性取样与观察，定性取样在高潮区、中潮区和低潮区至少分别取 1 个样品。

四、生物样品采集方法

(一)滩涂采样

滩涂定量取样用定量框，样方数每站通常取 4~8 个(合计 0.25~0.5 m^2)。样方位置的确定可用标志绳索(每隔 5 m 或 10 m 有一标志)于站位两侧水平拉直，各样方位置要求严格取在标志绳索所标位置，无论该位置上生物多寡，均不能移位。取样时，先将取样器挡板插入框架凹槽，用臂力或脚力将其插入滩涂内；继而观察记录框内表面可见的生物及数量；然后，用铁锹清除挡板外侧的泥沙再拔去挡板，以便铲取框内样品。铲取样品时，若发现底层仍有生物存在，应将取样器再往下压，直至采不到生物为止。若需分层取样，可视底质分层情况确定。

(二)岩石岸采样

岩石岸取样用 25 cm × 25 cm 的定量框，每站取 1 个或 2 个样方(图 4-11)。若生物栖息密度很高，且分布较均匀，可采用 10 cm × 10 cm 的定量框。确定样方位置应在宏观观察基础上选取能代表该潮区生物分布特点的。取样时，应先将框内的易碎生物(如牡蛎、藤壶等)计数，并观察记录优势种的覆盖面积。然后用小铁铲、凿子或刮刀将框内所有生物刮取净。

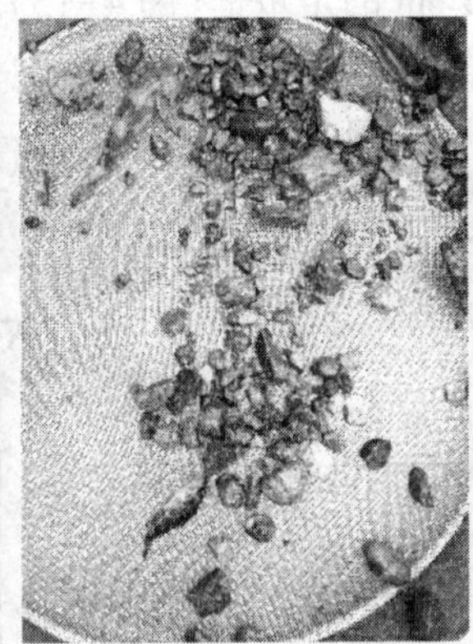

图 4-11　岩石岸取样

(三)采样注意事项

1. 栖息密度低的底栖生物样本选取

对某些栖息密度很低的底栖生物，可采用 25 m^2 的大面积计数(个数或洞穴数)，并采集其中的部分个体，求平均个体重量，再换算成单位面积的数量。

2. 采样断面选择

为全面反映各断面的种类组成和分布，在每站定量取样的同时，应尽可能地将该站附近出现的动、植物种类收集齐全，以作分析时参考，定性样品务必与定量样品分装，切勿混淆。

3. 采样过程

取样时，测量各潮区优势种垂直分布高度和滩面宽度，描述生物分布带特征。

五、调查仪器及设备

(一)采样器和定量框

泥、沙等底质的生物取样，用滩涂定量采样框(图 4-12)，其结构包括框架和挡板两部分，均用 1.5~2.0 mm 厚的不锈钢板弯

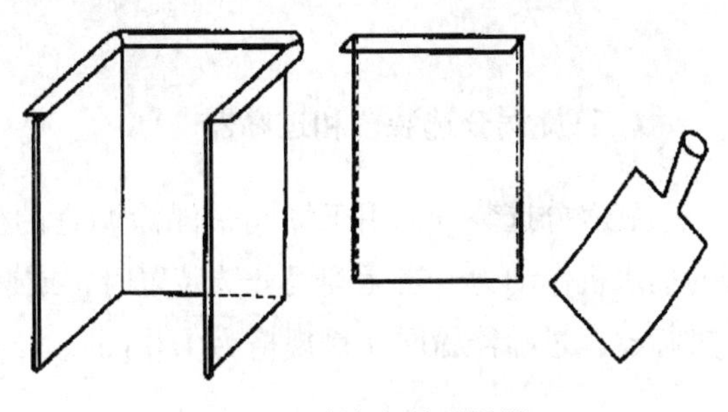

图 4-12　滩涂定量采样器

制而成，规格为 25 cm × 25 cm × 30 cm；配套工具是平头铁锨。

岩石岸生物取样用 25 cm × 25 cm 的定量框(图 4-13)，若在生物量高的区域取样，可用 10 cm × 10 cm 的定量框；计算覆盖面积，则用相应的计数框(图 4-14)，其框架用镀锌铁皮或 3 mm 厚的塑料板制成；配套工具有小铁铲(或木工凿子)、刮刀、捞网、冷藏箱及小型称重器等(图 4-15、图 4-16)。

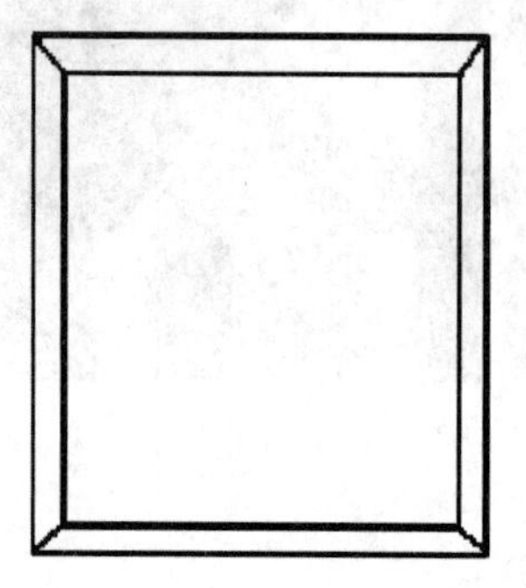

图 4-13　岩石定量采样框图

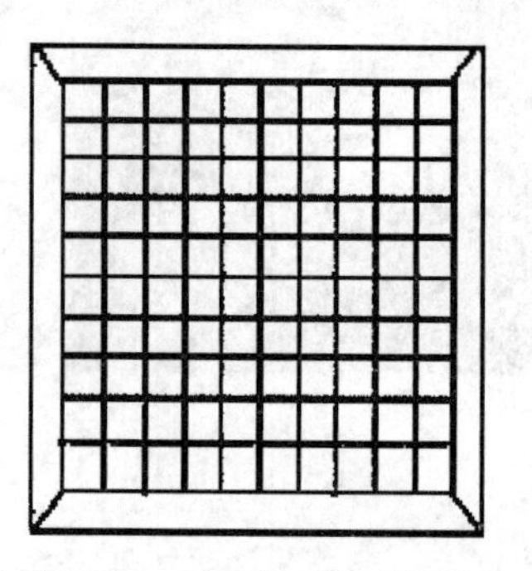

图 4-14　覆盖面积计数框

图 4-15　冷藏箱

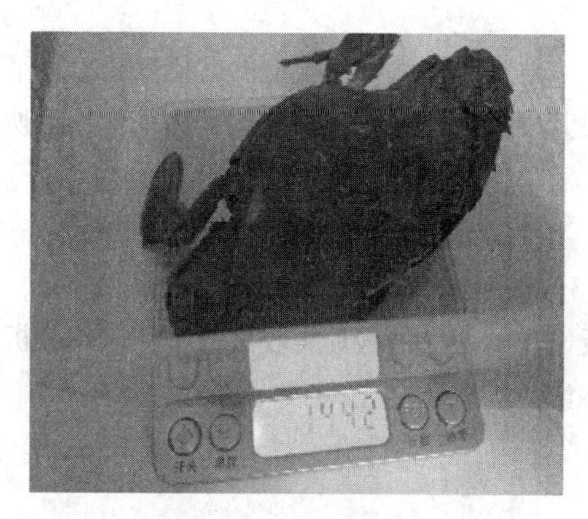

图 4-16　小型称重器

(二)旋涡分选装置和过筛器

旋涡分选装置，用于潮间带滩涂调查的生物样品淘洗时，应配备有 3.88 ~ 7.35 kW 的抽水机作动力。当无旋涡分选装置时，或遇某些不宜用旋涡分选装置淘洗的样品，可用过筛器，过筛器筛网孔目规格为 1.0 mm。

第四节　潮间带典型生态系统调查

红树林生态系统是潮间带最典型的生态系统之一，由生产者(包括红树植物、半红树植物、红树林伴生植物及水体富有植物)、消费者(鱼类、底栖动物、浮游动物、鸟类、昆虫)、分解者(微生物)和无机环境组成的有机集成系统。红树林湿地被誉为“地球之肾”，是陆地生态系统向海洋生态系统过渡的一道”生态屏障”，在净化海水、防风护岸、促淤造陆、维持生物多样性、改善滨海环境、促进渔业生产以及动物栖息、娱乐观光、科研教育等方面具有重要作用。通过对潮间带典型生态系统调查，摸清生态系统状态，对潮间带典型生态系统修复，乃至海岛生态系统功能修复及整治都具有重要意义。

一、名词解释

红树林(Mangrove)：指热带和亚热带海岸潮间带的木本植物群落，作为河口海区及岛滩生态系统的初级生产者，支撑着众多岛陆和周边海域生态系统，为海区陆缘生物提供食物来源，并为鸟类、昆虫、鱼类、贝类、藻菌等提供栖息繁衍场所。其具有结构复杂性、物种多样性、生产力高效性等特点。许多红树植物，如木榄、秋茄、海莲、角果木等红树植被的树干、枝条等都是红色的，是作为提炼单宁等红色染料的主要材料，因此，植物学家统称这些红树科植物和其他适应生活于这种环境下的植物群落为红树。

半红树植物(Semi-mangrove)：指可在潮间带集群生长成优势种或共建种，也可在陆地非盐土上生长的两栖植物；或只是洪潮地带生长而不会在内陆生长者。常见的有玉蕊(*Barringtonis racemosa*)、海芒果(*Cerbera manghas*)、阔苞菊(*Pluchea indica*)等。

二、红树林生境、海岸分带特征及演变过程

(一)红树林生境特征

红树林有以下特殊的生境特征(张志才，2007)。

1. 气候

红树林均分布在气温高、日照充足、降雨多、相对湿度大的热带季风海洋性气候地区。这些地区的年均气温一般都在 21 ~ 25℃，最冷月均气温一般在 12 ~ 21℃，极低温度在 0 ~ 6℃；年均雨量为 1 200 ~ 2 200 mm。

2. 潮区

红树林多分布于避风的淤泥质滩地上，分布区域大多数在潮间带的中潮滩上，少数延伸到低潮滩和高潮滩上(谭晓林等，1997)。每个潮滩里分布着特定的红树种类和群落演替阶段，形成与海岸线几乎平行的带状分布，即由半红树至真红树的向海生态系列。在中国大体上沿海岸地带为半红树植物或非红树科植物，如黄槿、海漆、卤蕨和海芒果等；潮滩近岸部分有海莲、木榄、角果木和榄李等；潮滩近海部分有红海榄、秋茄和桐花树等；向海前缘常为白骨壤和海桑等，常被称为先锋树种。

3. 海水

红树林生长的区域是海水周期浸没的区域，因此海水的温度、盐度对红树林的生长均有影响。我国红树林分布区域海水表层一般年均温度为 21 ~ 25℃，海水表层年均盐度大多在 16 ~ 32。

4. 土壤

红树林生长地的土壤一般是较初生的土壤，且多数是精细的颗粒，呈半流体状，不坚固，含有高水分、高盐分、丰富的腐殖质、大量硫化氢、石灰物质，缺乏氧气，土壤无结构，其中的植物残体多处于半分解状态，pH 值为 3.5 ~ 7.5，多数在 5 以下(林鹏，1999)。

(二)红树林海岸分带特征

红树林海岸最主要的特征是，海岸可以划分为一系列与岸平行的地带，每个带里各有特定的植物群落与地貌发育过程，而且各带的地貌演变与植物的更替交织在一起互相影响，按从海向陆顺序可分为以下几个带。

1. 浅水泥滩带

位于低潮水位线以下，即相当于海岸水下岸坡上部，是淤泥质的浅滩，海水很浅。

2. 不连续沙滩带

位于低潮线附近，是一系列被潮水沟、小河口湾或泥滩所分割开的沙滩。

3. 红树林海滩带

宽度各地不一，例如，哥伦比亚太平洋沿岸是典型的红树林海滩带，其最大宽度高达 30 km,但也有地区只有几米宽。红树林海滩通常的宽度是 1 ~ 5 km。

4. 淡水沼泽带

位于红树林海滩带的后侧，经常受潮水的影响，它的内缘通常是被热带雨林所覆盖的陆地。

红树林海岸这种带状排列的现象在哥伦比亚、美国佛罗里达、喀麦隆及马来西亚等海岸都比较典型，但由于各地的盐分、底质、波浪和潮汐的强度等的差异，也有些地区分带现象不明显。从整体上看，红树林海岸具有阶梯状的剖面，各个带不同高度的植物层阶，构成了植物海岸阶梯状的外貌，而与海面相接处是植物的“陡崖”(图 4-17，王颖，1963)。

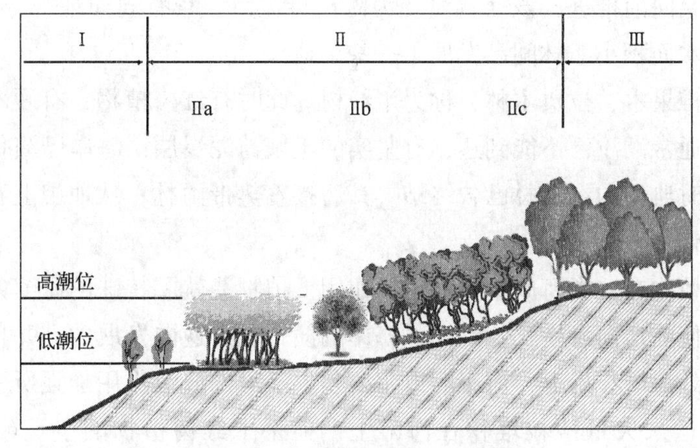

图 4-17 红树林海岸的综合坡面

(三)红树林海岸演变过程

沿海岸滩上繁殖了红树林后，原始海岸逐渐被围封，于红树林带外侧形成了新的岸线。红树林形成后阻滞了波浪与潮流，起着消能作用，保护了海岸免受冲刷，并促进堆积作用。所以，红树林形成后通常造成一个良好的海积环境，使岸滩不断地向海伸展。

红树林海岸的演变过程与植物群落的更替有着不可分割的关系，随着植物群落向陆生植物过渡，海滩就不断地向海增长，其总的过程可概述如下。

先是在岸线外面的浅水泥滩上，繁殖着少量水生植物。随着红树林海岸的发育，浅水泥滩逐渐淤浅，为红树林的侵入准备了条件。

浅水泥滩后面是沙滩与沼泽，那里经常被潮水浸没，沙滩间是潮沟与淤泥滩地，具备红树生长的条件。一般认为红树是促使海岸向海增长的主要因素。红树种子从后面的红树林中落下，随水流漂到低潮线附近的海滩上，只要波浪与水流没有过多地扰动而影响其扎根，幼小植物就在这经常被潮水淹没的沙滩和泥滩上生长，幼树生出层层的支柱根，固定了浅滩，不仅扩大了原来红树林的宽度，并且使地面淤高、海滨向前伸展。因此，红树林被称为“造陆者”。

在有些地方(如我国华南)先拓者不是红树属植物，而是海榄雌属(*Avicennia*)，它能在纯砂质的海滩、浅滩上生长，并且比前者更耐盐。

外围生长红树林以后，加宽了潮流消能带，潮流大多沿途消耗掉，使后侧原来的红树林带逐渐变干、变淡，并向陆地转化。

由先锋红树林演化到成熟红树林后，乔木的根系已非常稠密，成为高大的树林。成熟的红树“网罗”沉积物的规模更大，促进海积与生物堆积。在原来的沿岸浅水泥滩又产生新的先锋红树阶段，也有些远离岸线处无先锋阶段，而是乔木向水中生长根系，沉积物堆在根上，沼泽地就慢慢向海扩展。

壮年红树林又向前推进，该处就演变为海榄雌盐沼。它有规律地被淹水或偶尔淹水。水中盐分重，积水面积小，林间已发展了一些草地。

最后演变为椎果木、拉贡木林，称为半红树。此时有红树植物，有硬木，也有林下植物与草类，这里通常潮汐已不能到达，有坚实的土壤与泥炭层，海岸已演化到平均高潮线以上的陆地。这时典型的红树林已告终结。其后接着热带雨林，从地貌上看，已是滨海平原或海滨沙丘地带。

综上所述，植物在这类海岸中具有重要作用，植物造就了特殊的海滨条件，改变了海岸带动力因素，使陆地向海生长。红树林海岸的演化也有逆向发展的，并且通常是一处海岸前进，而另一处海岸在后退。海岸后退主要是由于局部波浪作用加强所引起的。波浪直接的侵蚀以及搬运来大量沙粒堆积在海滩上，扼杀了红树植物的生长(表 4-4，王颖，1963)。

表 4-4　红树林海岸演化图示

海岸的演化		植物群落的变化	
海滨沙丘与淡水沼泽带		热带雨林	↑
↑	平均高潮线	椎果木过渡群社	
海滩		海榄雌盐沼群社	
↑		成熟的红树林群社	
不连续沙滩	平均低潮线	先锋红树	
↑			
岸外浅水泥滩		海洋水生植物	

三、调查内容及技术要求

对红树林生态系统的调查可以分为水环境调查[水温、盐度、pH 值、悬浮物、溶解氧、营养盐(五项)、石油类]、沉积环境调查(沉积物粒度、土壤盐分、有机碳和硫化物、氧化还原电位、沉积物总氮、总磷)、栖息地调查(红树林分布面积、植被覆盖率)和红树林群落调查(种类组成、不同种类面积比例、密度、胸径和株高)4 部分。

(一) 水环境

在红树林分布区域的潮间带和潮下带设定相应站点，站位尽可能在红树林分布区内均匀布设。在高潮时采集表层水样，测定方法按《海洋监测规范　第 4 部分：海水分析》(GB 17378.4—2007)的有关规定执行。

(二)沉积环境

1. 沉积物粒度

在每个红树林样地内采集表层(0 ~ 10 cm)沉积物进行粒度分析，沉积物粒度分析按《海洋调查规范　第 6 部分：海洋生物调查》(GB/T 12763.6—2007)的有关规定执行。

2. 土壤盐分

在每个样地内取土芯，从土芯表面算起，取出 10 cm 处土样。将一小片滤纸或纤维纸放于注射器的底部，然后放入土样，用栓塞挤压使间隙水通过滤纸，滴到折射计的玻璃槽上，盖上盖片，将折射计对着光亮处，通过目镜直接读出盐度。

3. 有机碳、硫化物

在每个红树林样地内采集表层(0 ~ 10 cm)沉积物用于有机碳和硫化物分析。有机碳分析采用热导法，硫化物分析采用碘量法，样品预处理、分析方法按《海洋监测规范　第 5 部分：沉积物分析》(GB 17378.5—2007)的有关规定执行。

(三)红树林分布面积及覆盖度

利用 GIS 软件平台与遥感卫星数据，结合现场实测数据，进行红树林分布面积及覆盖度的计算。

(四)红树群落

1. 断面布设

根据红树林分布区域面积及种类布设 3 ~ 6 条及以上断面，断面由红树林陆地边缘向海的分布前沿布设，穿越低、中、高 3 个潮带。

2. 样地选择

在断面内，低、中和高潮区各布设 1 个大小相同的样地。样地面积取决于树木的密度，但一般不小于 10 m × 10 m；可根据红树林的密度扩大或缩小样地面积，通常每一样地至少应有 40 ~ 100 棵树木。如果红树林仅为沿岸分布的狭窄“条状带”，则应在此“条状带”中布设一个样地，监测数据记录于表 4-5 中。

表 4-5　红树林群落监测数据报表

填表日期：　　年　　月　　日共　页　　　　　　　　监测时间：　　年　　月　　日

断面编号：　　　　　　样地编号：　　　　　　样地中心坐标：经度　　　　　　纬度

种类树林：　　种　　　　　　平均胸径：　　cm　　　　　　平均株高：　　cm

大树平均密度　　株/10 m^2　　　　小树平均密度　　株/10 m^2　　　　幼树平均密度　　株/10 m^2

种类		大树				小树		幼树	
学名	拉丁名	数量/株	平均胸径/cm	株高/cm	密度/(株/10 m^2)	数量/株	密度/(株/10 m^2)	数量/株	密度/(株/10 m^2)

填表人________　　　　　　　校对人________　　　　　　　审核人________

第五章　海岛周边海域生态环境调查

☞ [**教学目标**]

海岛周边海域是海岛区别大陆的重要区域。本章主要介绍海岛周边海域生态系统调查，包括海洋化学调查、生物资源调查及典型生态系统调查三部分内容。通过本章学习，主要掌握海岛周边海域生态系统中海水水质、生物资源和典型生态系统的调查内容及方法。

第一节　海岛周边海域海洋化学调查

周边海域生态系统与人类生产生活密切相关，与岛陆及潮间带物质交换频繁，其理化性质与大洋内部海域差异较大，属于环境敏感区。一方面，岛陆及潮间带碎屑物、营养盐、污染物等物质通过地表径流、地下径流等水循环途径进入海岛周边海域，使得海岛周边海域的悬浮泥沙、营养盐及污染物浓度较大洋内部海水高；另一方面，海岛周边海域海水通过波浪潮汐等水动力作用对岛陆及潮间带起到物质侵蚀、搬运及沉积作用，海岛周边海域潮位的上升亦能影响岛陆地下水及地表水系统。本章内容主要参考国家海洋局2012年发布的《海岛生态整治修复技术指南》、李冠国(2011)主编的《海洋生态学》、侍茂崇等(2008)主编的《海洋调查方法概论》、《海洋调查规范》(GB/T 12763—2007)系列标准以及第二次全国海岛资源综合调查资料。

一、调查内容

海岛周边海域海洋化学调查内容包括：溶解氧、pH值、化学需氧量(COD)、五日生化需氧量(BOD_5)、悬浮物、石油类、总氮、活性磷酸盐及重金属。

二、调查方法与技术要求

（一）调查范围

周边海域海洋化学调查根据海岛地理位置、面积与开发状况，以岛或岛群划分确定调查范围。调查范围尽量靠近岛岸，一般由岛岸向海至 15 ~ 20 m 等深线或向海外延伸 5 ~ 10 km，也可收集已有的更大范围的资料以供调查结果分析。

（二）调查站位

在调查范围内设置合理的监测站位，站位的布设以能真实反映所调查周边海域环境质量状况和空间趋势为前提，在保证获取所需信息的前提下，尽量减少站位数。调查站位一般可采用网格式布站，并选定若干横向和纵向断面布站。兼顾海洋水团、水系锋面、重要渔场、养殖场，重要海湾、入海河口、环境功能区、重点风景区、自然保护区、废物倾倒区以及环境敏感区等具有典型性、代表性海域，必要时可以适当增加站位密度，并尽可能地沿用历史监测站位。站位设置时尽量避开航道、锚地、海洋倾废区以及污染混合区。周边海域海水水样调查登记表见表 5-1。

（三）调查时间与采样层次

一般一年调查 2 次，在夏季与冬季各进行 1 次。对水体相对稳定的海区，一年中可在环境特征典型的季节调查 1 次。

水深 10 m 以内采表层样，水深 10 m 以上采表层与底层样。

（四）调查项目分析方法

1. 溶解氧

溶解氧分析采用碘量法：依照《水质　溶解氧的测定　碘量法》(GB 7489—1987)相关标准进行。其使用的采样瓶应为棕色磨口硬质玻璃瓶，瓶塞为斜平底，容积约 120 mL 且事先须经准确测定容积至 0.1 mL。其基本原理为：在样品中溶解氧与刚刚沉淀的二价氢氧化锰反应。酸化后，生成的高价锰化合物将碘化物氧化游离出等当量的碘，用硫代硫酸钠滴定法，测定游离碘量。

2. pH

pH 分析可用便携式 pH 计现场测得 pH 值。

表 5-1 海水水样调查登记表

编号：

调查海区： 调查船： 航次： 海况说明：

采样日期： 年 月 日 至 年 月 日

序号	站号	经度	纬度	采样时间	采样深度	水温	透明度	水样瓶号						
								溶解氧	pH 值	悬浮物	石油类	COD	营养盐	重金属
1														
2														
3														
4														
5														
6														
7														
8														
9														
10														
11														
12														
14														
15														

记录者： 校对者：

3. 化学需氧量(COD)

用玻璃或金属器皿，至少采 100 mL 水样，用碱性高锰酸钾法来测量。其基本原理为：在碱性加热的条件下，用过量的高锰酸钾来氧化海水中的需氧物质，然后在硫酸酸性条件下用碘化钾还原过量的高锰酸钾和二氧化锰，所产生的游离碘用硫代硫酸钠标准溶液滴定。

4. 生化需氧量(BOD)

对未受污染水体可直接用玻璃或金属器皿采样(不少于 300 mL)，采样后应在 6 h 内分析。若不能，则应放在 4℃或 4℃以下冷藏器内保存，但不得超过 24 h。直接测定当天水样和经过 5 天培养后水样中溶解氧的差值，即为五日生化需氧量。

5. 悬浮物

采用尼斯金(Niskin)采水器采集，样品现场采用事前经过称重的 0.45 μm 的醋酸纤维滤膜过滤，低温(50℃)烘干，带回实验室后使用 1‰或 0.1‰分析天平测定。

6. 石油类

石油类检测用荧光分光光度法。其基本原理是：海水中石油类的芳烃组分用石油醚萃取后，在荧光光度计(图 5-1)上以 310 nm 的波长为激发波长，测定 360 nm 的发射波长的荧光强度，其相对荧光强度与石油醚中芳烃的浓度成正比。

7. 总氮

海水样品在碱性和温度 110~120℃条件下，用过硫酸钾氧化，有机氮化合物被转化为硝酸氮。同时，水中的亚硝酸氮、铵态氮也定量地被氧化为硝酸氮。硝酸氮经还原为亚硝酸盐后与对氨基苯磺酰胺进行重氮化反应，反应产物再与 1-萘替乙二胺二盐酸盐作用，生成深红色偶氮染料，于 543 nm 波长处进行分光光度测定(图 5-2)。

图 5-1　荧光光度计

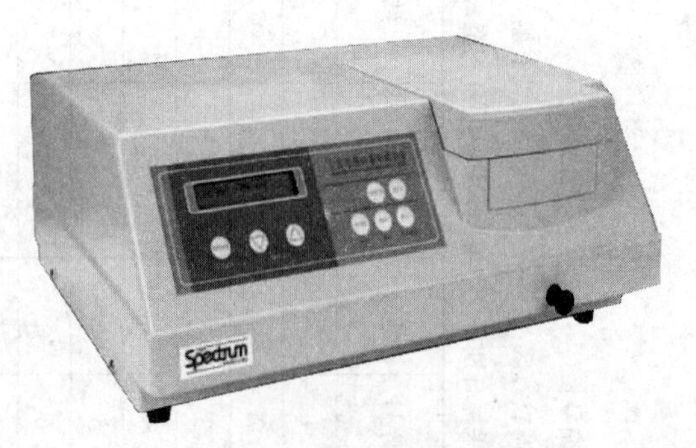

图 5-2　分光光度计

8. 活性磷酸盐

在酸性介质中，活性磷酸盐与钼酸铵反应生成磷钼黄络合物，在酒石酸氧锑钾存在下，磷钼黄络合物被抗坏血酸还原为磷钼蓝络合物，于882 nm波长处进行分光光度测定。

9. 重金属

重金属分析采用原子吸收光谱法，其基本原理是利用气态原子可以吸收一定波长的光辐射，使原子中外层的电子从基态跃迁到激发态的现象而建立的。由于各种原子中电子的能级不同，将有选择性地共振吸收一定波长的辐射光，这个共振吸收波长恰好等于该原子受激发后发射光谱的波长，由此可作为元素定性的依据，其吸收辐射的强度可作为定量的依据。

第二节　海岛周边海域生物资源调查

受益于岛陆、潮间带及海岛沿岸上升流带来的营养盐补给，海岛周边海域水体初级生产力水平较高，生物种群及数量较大洋内部多。海岛周边海域生物调查的方式主要有大面观测、断面观测和连续观测。通过调查，摸清海岛周边海域生物资源类别及数量，对整个海岛生态系统生物多样性保护都具有重要意义。

一、名词解释

微生物(Microorganism)：指一群个体微小、结构简单、生理类型多样的单细胞或多细胞生物。

浮游生物(Plankton)：指缺乏发达的运动器官，运动能力很弱，只能随水流移动，被动地漂浮于水层中的生物群。

底栖生物(Benthos)：指生活在海洋基底表面或沉积物中的生物的总称。

游泳动物(Necton)：指具有发达的运动器官，能自由游动，善于更换栖息场所的动物的总称。

污损生物(Fouling organism)：指生活于船底及水中一切设施表面的生物，这类生物一般是有害的。

二、调查内容

海岛周边海域生物资源调查项目主要包括：叶绿素a、微生物、浮游生物、底栖生物、游泳动物及污损生物。

三、调查方法与技术要求

(一)调查采样方式

1. 采水样

采水样适用于叶绿素浓度及初级生产力、微生物、小型浮游生物等调查项目的水样采集。应按规定水层(表 5-2)采样。使用调查项目规定的采水器采水，入水前应检查采水器的球盖是否打开，出水嘴是否关闭，准确放至预定水层，严守停滞时间，按要求取样、处理。

表 5-2　采水层次

测站水深范围	标准层次	底层与相邻标准层的最小距离
<15 m	表层，5 m，10 m，底层	2 m
15 ~ 50 m	表层，5 m，10 m，30 m，底层	2 m

注：①表层指海面下 0.5 m 以浅的水层；②水深小于 50 m 时，底层为离底 2 m 的水层；③条件许可时，应充分考虑跃层和采集叶绿素次表层最大值所处的水层。

2. 拖网采样

拖网采样适用于大中型浮游生物、鱼类浮游生物、大型底栖生物和游泳动物等调查项目的采样。使用专业规定的网具采样，严格控制起、落网速度，准确判断网具到达的预定水层。拖网时注意网具工作状态是否正常，遇异常情况应立即采取有效措施。起网后认真冲洗网具，收集样品，特别是黏附在网衣和网底管套筛绢上的生物样品，严禁标本夹带。

3. 底质采样

底质采样适用于微生物和大、小型底栖生物调查项目的采样。使用调查项目规定的采样器采样，严守操作程序，注意采样器的工作状态。按要求取样和处理。发现异常应重采。

4. 挂板和水面或水中设施上采样

该采样方式适用于污损生物调查的采样。按项目要求制板，正确选定挂板地点、挂板方式和采样设施。严格执行采样时间、取板程序和样品处理方法。

(二) 调查时间及调查次数

调查时间和调查次数应根据调查水域环境条件和调查目的确定。受气象、流系的季节性影响显著的边缘海应每季度调查一次；受气候、水文的季节性影响明显且物质来源复杂的河口、港湾和沿岸，至少每月调查一次，如有特殊需要可酌情增加调查次数，但如进行逐月调查，各月调查的时间间隔应基本相等。进行河口、港湾调查时，应充分考虑潮汐的影响。热带海域应根据具体的海洋环境条件和调查目的酌情调整调查时间和调查次数。

调查时段一般以 3 月至 5 月为春季，6 月至 8 月为夏季，9 月至 11 月为秋季，12 月至翌年 2 月为冬季，并分别以 5 月、8 月、11 月和 2 月代表春季、夏季、秋季和冬季。

(三) 调查项目及分析方法

1. 叶绿素 a 测定

叶绿素 a 测定采用荧光萃取法，基本原理为：叶绿素 a 的丙酮萃取液受蓝光激发产生红色荧光，过滤一定体积海水所得的浮游植物用 90% 丙酮提取其色素，使用荧光计测定提取液酸化前后的荧光值并计算出海水中叶绿素 a 的浓度。除荧光萃取法测定外，还可以采用高效液相色谱法——HPLC 法测定。

叶绿素 a 样品采集、过滤及保存按照规定的采样层次采集水样后，取一定体积(100 ~ 250 cm^3)样品，用孔径 0.65 μm、直径 25 mm 的玻璃纤维滤膜过滤，将滤膜对折，用铝箔包好，放入干燥的储样管中低温(-20℃)保存。

叶绿素 a 样品测定在实验室中进行，样品经 90% 丙酮提取色素后，用荧光计分析测定，激发波长为 450 nm，发射波长为 685 nm，最后计算海水中叶绿素 a 浓度，计算公式为

$$p_v(\mathrm{Chla}) = \frac{F_d(R_b - R_a)V_1}{V_2}$$

式中：

$p_v(\mathrm{Chla})$——海水中叶绿素 a 的浓度，mg/m^3；

F_d——量程“d”的换算系数，mg/m^3；

R_b——酸化前荧光值；

R_a——酸化后荧光值；

V_1——提取液的体积，mL；

V_2——过滤海水的体积，mL。

2. 微生物调查

微生物调查使用 QCC3-1、QCC14-1 采水器，采样层次与叶绿素 a 要求一致。无菌操作包括采水用具、实验室操作等。样品应在采样后 2 h 内处理、分析。如果做不到，应该

将样品放入冰箱保存，但也不能超过 1 天。

微生物分析包括海洋微生物现存量分析，即细菌总数与微生物其他类别(放线菌、酵母和霉菌等)的丰度和微生物种类组成。

FJ-2107 液体闪烁计数器用于测量 ^{3}H、^{14}C、^{35}S 等低能 β 放射性强度，也可测 ^{32}P 水溶液的切伦科夫辐射。仪器装有外 r 源(可自动送入或退出测量室)，可作外标准道比测量，进行 100 个样品自动换样、测量、打印、数字显示。FJ-2603G 型系列 α、β 弱放射性测量装置用于低水平环境样品的放射性活度测量，主要适合于环境、河流、底泥、水质、食品、生物制品等微弱 α、β 放射性样品的活度测量。

3. 浮游生物调查

浮游生物包括微微型浮游生物、微型浮游生物、小型浮游生物及大、中型浮游生物。

1) 微微型浮游生物

微微型浮游生物采样用进口多瓶采水器或国产有机玻璃(2.5 dm^3)采水器，采集 50 ~ 200 cm^{3}水样，用1% 的多聚甲醛溶液或者液氮保存，于实验室内用落射荧光显微镜和流式细胞仪，根据其所含色素的荧光特性区分蓝细菌和聚球藻。计数异养细菌、聚球藻、原绿球藻和真核球藻。

2) 微型浮游生物

对微型浮游生物，用采水器采集预定水层微型金藻、微型甲藻、微型硅藻、无壳纤毛虫和领鞭虫等样品。用孔径 20 μm 的筛绢预过滤去除大于 20 μm 的生物，样品用鲁哥试液固定，每 1 dm^{3}水样加入 10 ~ 20 cm^{3}试液，根据样品的实际浓度做适当增减。对样品做电镜观察分析，选用戊二醛固定，根据样品浓度加入样品体积的 2% ~ 5%。采样情况记录于浮游生物海上采样记录表，于实验室内采用光学显微镜计数和分类鉴定。

3) 小型浮游生物

(1) 采样层次和水量按规定标准层采样，采水量 200 ~ 1 000 cm^3。

(2) 垂直拖网。小型浮游生物用浅水 Ⅲ 型浮游植物网或小型浮游生物网采集，按规定的网具自海底至水面垂直拖网取样。固定后在实验室内进行样品的分析鉴定。

(3) 垂直分段拖网。连续站或特殊要求的站位采用垂直分段拖网。网具规格见表5-3，垂直分段拖网采样水层与叶绿素采样要求一致。

表 5-3　网具规格及使用对象

序号	浮游生物网具名称	网长/cm	网口内径/cm	网口面积/m^2	筛绢规格(孔径近似值：mm)	使用范围及采集对象
1	小型	280	37	0.1	JF62(0.077) JF80(0.077)	适于 30 m 以深垂直分段采集小型浮游生物

续表

序号	浮游生物网具名称	网长/cm	网口内径/cm	网口面积/m^2	筛绢规格（孔径近似值：mm）	使用范围及采集对象
2	浅水Ⅲ型	140	37	0.1	JF62(0.077) JF80(0.077)	适于30 m以浅垂直分段采集小型浮游生物
3	手拖定性	60	22	0.038	NY20HC(0.020) NY10HC(0.010)	用于小型或微型浮游植物的种类组成分析及藻类种的分离

(4)连续观测的时间和次数。每3 h采1次，共采9次。

(5)种类鉴定与计数。水采样品每次实际标本镜检数不少于100 ~ 200个；网采样品每次实际标本镜检数不少于500个。

4)大中型浮游生物

利用大、中型浮游生物网或浅水Ⅰ型、Ⅱ型浮游生物网采集大、中型浮游生物。大网供湿重生物量测定后进行种类鉴定和计数，中网只供种类鉴定和计数。每次下网前应检查网具、网底管是否处于正常状态，流量计是否归零。落网入水，当网口贴近水面时，调整计数器指针于零的位置，然后以0.5 m/s左右的速度落网，以钢丝绳保持紧直为准；当网具接近海底时，减低落网速度，一旦沉锤着底、钢丝绳出现松弛时，应立即停止，记录绳长，并立即以0.5~0.8 m/s的速度起网；网口未露出水面前不可停止；网口升到适当高度后，用冲水设备自上而下反复冲洗网衣外面，使附着于网上的标本集中于网底管内；将网收入甲板，开启网底管活门，把样品装入标本瓶；用于测定湿重生物量和种类鉴定计数的样品用中性甲醛溶液固定，加入量为样品体积的5%，海上采集情况记录于浮游生物海上采集记录表。

4. 底栖生物调查

1)大型底栖生物

大型底栖生物是指不能通过1.0 mm筛网的种类。除在滨海带之外，大型底栖生物都是动物。

(1)主要调查仪器。

①采泥器。抓斗式采泥器，采样面积0.1 m^2或0.5 m^2；弹簧式采泥器，采样面积0.1 m^2；箱式采泥器用于分层采泥，采样面积500 mm × 500 mm × 500 mm或250 mm × 250 mm × 250 mm。

②网具。阿氏拖网，网口宽度为1.5 ~ 2.0 m或0.7 ~ 1 m，适宜底质为泥沙质；三角形拖网，网口大小及网衣结构同阿氏拖网，适合于底质较复杂的海区采样。

(2)技术要求。采样面积，每个站位不少于0.2 m^2；套筛网目要求上层2.0 ~ 5.0 mm，中层1.0 mm，底层0.5 mm；拖网时调查船航速在2 kn左右，航向稳定后投网，拖网绳长一般为水深的3倍，近岸浅水区应为水深3倍以上，拖网时间为15 min。

2)小型底栖生物

小型底栖生物是指可被0.1 ~ 1.0 mm筛网截留的种类，通常是由少数较大的原生动物(特别是有孔虫)以及线虫、介形虫、涡虫类和猛水蚤类组成，同时，也包含有大型底栖动物(如多毛类、双壳类)的幼体。

(1)调查仪器。

抓斗式采泥器，采样面积0.1 m^2 或0.5 m^2；弹簧式采泥器，采样面积0.1 m^2；箱式采泥器用于分层采泥，采样面积500 mm × 500 mm × 500 mm或250 mm × 250 mm × 250 mm。

(2)技术要求。从取样器取芯样，必须是受扰动的采泥样品；取芯样的个数，依据种群的空间分布型而定，小型底栖生物系板块状分布，每站取小型生物芯样2 ~ 5个，芯样的内径为2.6 cm。2个芯样计数满足一般调查的需要，而3个或4个芯样则满足多元统计分析“零”假设检验的需要，5个芯样则为特殊类群粒径谱和能力分析的需要。

芯样的长短和分层：一般有效芯样长度是10 cm左右，分层为0 ~ 2 cm，2 ~ 5 cm及5 ~ 10 cm。一般海域0 ~ 5 cm可保证90% 左右取样精度，而0 ~ 10 cm可达到95% ~ 98% 的取样精度。

套筛网目：上层0.5 mm，中层0.2 mm，底层0.042 mm。

Ludox-TM离心分选3次，分选效率应保持在95% 以上。

小型底栖生物的生物量测定用体积换算法。监测和校准使用梅特勒超微量分析天平。小型底栖生物生产力的计算采用P/B值转换法，也可采用现场BCDTS系统测定和ATP校验。

5. 游泳动物调查

1)鱼类

(1)定性采样。一般在海水表层(0 ~ 3 m)进行水平拖网10 ~ 15 min，船速为1 ~ 2 kn。所用网具、水层及拖网时间应分别根据调查目的和调查区鱼卵和仔稚鱼密度来决定。该采样方式也可作为定量样品，定量需流量计。拖网网具采用北太平洋浮游生物标准网、浮游生物标准网。

(2)定量采样。主量样品由海底至海面垂直或倾斜拖网，落网速度为0.5 m/s；起网速度为0.5 ~ 0.8 m/s。采样情况记录于鱼类浮游生物海上采样记录表中。

(3)连续观测时间与次数。水深小于50 m的每3 h采样1次，共9次；水深大于50 m而采样深度在500 m以内的每4 h采样1次，共7次。

(4)拖网过程。垂直拖网过程尤其是起网过程中不得停顿，钢丝绳倾角不得大于45°，若大于 45°所采样品只能作为定性样品，需重新采样 1 次。冲网时应保持较大的水压，确保网中样品全部收入标本瓶。

2) 鱼卵、仔鱼分离

从网采浮游生物样品中，用吸管吸取水样置于表面皿中，置解剖镜下，用解剖镊或小头吸管去除鱼卵、仔鱼，分别放到培养皿中进行分类鉴定和计数。如出现未能分类计数的浮游生物样，应分别放到标本瓶中加 3% 的甲醛溶液固定并加编号标签保存。

3) 分类鉴定

将初步分离的样品逐一进行分类鉴定，要尽可能鉴定到种（特别是经济种、指标种）并按种计数和编写名录。将分类后的鱼卵、仔鱼依种或类别计算其数量。

6. 污损生物调查

污损生物调查包括大型污损生物调查和微型污损生物调查。一般污损生物调查只调查大型污损生物，如有特殊需要可进行微型污损生物调查。

1) 调查要素和要求

(1) 现场调查时，大型和微型污损生物挂板回收率可达 100%，且应保持试板生物标本完好。

(2) 对船舶和其他海上设施进行污损生物调查时，要求代表性强，取样准确。

(3) 大型污损生物调查的试板采用环氧酚醛玻璃布层压板，辅以船舶及其他海中设施调查，必须提供种类、数量、附着期和季节变化。

(4) 微型污损生物调查的试板可采用载玻片，要提供主要污损生物种类及数量。

2) 大型污损生物调查采样要求

(1) 港湾挂板调查挂板的选择：一般用厚 3 mm 的环氧酚醛玻璃布层压板，每片宽 80 mm，长 140 ~ 150 mm。试板正中钻两个相距 50 mm、孔径 7 mm 的串孔板。每个点放 2 个组板，具体数量见表 5-4。

表 5-4 试板种类、规格及数量

板别	月板	季板	半年板	年板
规格/mm	3×80×140	3×80×145	3×80×150	3×80×150
数量/片	2×2×12=48	2×2×4=16	2×2×2=16	2×1×2=4

(2) 挂板点的选择：根据调查研究目的，在研究海域附近，选择有浮码头、浮筏、浮标或水产养殖的吊养缆绳等处挂板；水流畅通；兼顾不同盐度；布点要有代表性。

(3) 每点挂板一周年，分月板、季板、半年板和年板。

(4) 每组板分表层和中层：表层板上缘正好露出水面，中层板离水面 2 m。海图水深超过 5 m 的水域，可在离海底 0.5 m 处增挂底层板。挂板的表面应与水面垂直。

(5) 从水中取出的试板应在现场包于纱布中，系以标签，然后固定在 5% ~ 8% 的中性甲醛溶液中。

(6)从船舶及其他设施上取样调查。船舶、浮标、海中平台、遥测浮标、潜标、海底的声呐外壳、沉船、海底电缆、冷却水管道系统、渔业设施等长期处于海水中，上面固有大量污损生物，可按一定面积取样固定，一般为 20 cm × 20 cm 或 30 cm × 30 cm。

第三节　海岛周边海域典型生态系统调查

生态系统的基本功能是能量的流动和物质的循环，以此将各个组成成分相互连接构成一个网络状复杂的整体。海草(藻)生态系统及红树林生态系统作为海岛周边海域最典型的生态系统，是海洋初级生产力的重要贡献者之一，为海洋生物提供栖息场所与营养物并能改善周边海域环境。通过对海岛周边海域典型生态系统调查，摸清典型生态系统状态，为海岛周边海域生境整治修复、生物多样性保护及可持续管理提供科学依据。

一、海岛周边海域海草(藻)调查

(一)海草(藻)及其生境

海岛周边海域中的天然海藻场和海草床通常是指水深在 20 m 以内，海藻或海草群落生长茂盛的场所。海藻场主要分布在冷温大陆架区的硬质底上，其间生长的大型褐藻类与其他海洋生物群落共同构成一种近岸海域典型生态系统。海藻场主要的支撑部分由不同种类的海藻群落构成，主要有马尾藻属、巨藻属、昆布属、裙带菜属、海带属和鹿角藻属(章守宇等，2007)。海草床是热带和温带重要的近海生态系统，具有很高的生产力，是众多海洋动物的栖息地。海草床是由生活在热带和温带海域中的单子叶植物构成，我国迄今已发现 9 属 12 种 2 亚种，形成海草床面积较大的有大叶藻属、针叶藻属、二药藻属、喜盐藻属等(李文涛等，2009)。

人类活动对海草床和海藻场破坏较为严重，直接表现为面积的减少和覆盖度的降低，因此其恢复目的就是增加海草床和海藻场的覆盖面积，提高覆盖度。海藻场和海草床的人工恢复与建设是生态工程的一种，也称为海藻场和海草床生态工程，是指在沿岸海域，通过人工或半人工的方式，修复或重建正在衰退或已经消失的原天然海藻场和海草床，或营造新的海藻场和海草床，从而在相对较短的时期内形成具有一定规模的、较为完善并能够独立发挥生态功能的生态系统(章守宇等，2007)。海藻场和海草床人工恢复与重建大致可分为三种类型，即重建型、修复型与营造型。重建型海藻场和海草床生态工程是在原海藻场和海草床消失的海域开展生态工程建设；修复型海藻场和海草床生态工程是在海藻场和海草床正在衰退的海域开展生态工程建设；营造型海藻场和海草床生态工程是在原来不存在海藻场和海草床的海域开展生态工程建设(Chapman et al.，1976；Devi et al.，2005；杨京平，2005)。

(二)海藻(草)生态系统调查内容

海藻(草)生态系统调查主要包含水环境调查、沉积环境调查、栖息地调查及群落环境调查。①水环境指标：水温、盐度、悬浮物、透光率、营养盐(硝酸盐、亚硝酸盐、氨、无机磷、活性硅酸盐)；②沉积环境：有机碳、硫化物；③栖息地：沉积物粒度、海草分布面积；④海草群落：种类组成、密度、盖度、株冠高度、生物量。

(三)调查方法与技术要求

1. 监测断面及站位布设

垂直于海岸带方向设置监测断面，断面数量根据海草分区区域面积而定，一般需要布设5 ~ 10条断面，每条断面设置站位3个，分别在水深2 m、3.5 m和5 m处，若海草分布区水深达10 m以上，可在7.5 m和10 m处增加2个站位。

2. 水环境

每个站位只测定表层水样，水环境各项指标分析测定按《海洋监测规范　第4部分：海水分析》(GB 17378.4—2007)有关规定执行。

3. 沉积环境

采用柱状采样器在水下采集表层沉积物样品(0 ~ 5 cm)，用于有机碳和硫化物分析。有机碳分析采用热导法，硫化物分析采用碘量法分析，分析方法按《海洋监测规范　第5部分：沉积物分析》(GB 17378.5—2007)的有关规定执行。

4. 栖息地

1)沉积物粒度

采用柱状采样器在水下采集表层沉积物样品(0 ~ 5 cm)，用于沉积物粒度分析。沉积物粒度分析按《海洋调查规范　第8部分：海洋地质地球物理调查》(GB/T 12763.8—2007)的有关规定执行。

2)海草床分布面积

以1∶10 000地形图为基础，在每一块被调查的海草床边界(主要是拐点位置)设置多个GPS定位点，然后进行海草分布区勾绘。采用GIS对野外调查后的图像进行空间分析，计算海草床分布面积。

5. 海草床群落

在每个站位设置0.25 m^2的样方2个。测算与采样方法按照《海草床生态监测技术规程》(HY/T 083—2005)执行。按表5-5格式填报海草床群落监测数据。

表5-5　海草床群落监测数据报表

监测单位：　　　　(章)　　　　　　　　　　　填表日期：　　年　　月　　日

采样日期：　　年　　月　　日　　　　分析日期：　　年　　月　　日

海域：　　断面编号：　　站位编号：　　经度：　　纬度：

样方编号：　　盖度：　　(%)　花+果实数量：　　(个/样方)

种类名称		生物量/(g/柱状样)			密度/(株/柱状样)
中文学名	拉丁文	叶片	鞘(茎)	根	
∑叶片生物量/(g/柱状样)					
∑叶鞘(茎)生物量/(g/柱状样)					
∑根生物量/(g/柱状样)					
∑海草生物量/(g/柱状样)					
∑海草生物量/(g/m^2)					
∑海草密度/(g/m^2)					

填表人：　　　　　　　　　　校对人：　　　　　　　　　　审核人：

二、海岛周边海域珊瑚礁调查

(一)珊瑚及其生境

珊瑚礁是一个建立在碳酸盐平台上的动物、植物和矿物的集合体，该平台是经过数百万年的造礁作用，由生物作用产生碳酸钙积累和生物骨壳及其碎屑沉积而成的岩石状物，其中珊瑚虫及其他少数腔肠类动物、软体动物和某些藻类对石灰岩基质的形成起重要作用(沈国英等，2002)。珊瑚虫可分为造礁珊瑚和非造礁珊瑚，其中造礁珊瑚能与虫黄藻共生并能进行钙化，生长速度快，是珊瑚礁生态系统的主要成分。造礁珊瑚和单细胞的虫黄藻组成共生体，藻类存在于珊瑚虫的内胚器官中。这些藻类在光合作用中捕捉光能，并能将光合作用产物，如碳等，传递给珊瑚宿主。作为回报，珊瑚虫提供给藻类氮、二氧化碳和遮蔽物。珊瑚利用光合作用生产的碳作为其主要的食物来源，并加强对其骨骼生成有重要作用的石灰化作用。珊瑚礁生态系统是地球上生物种类最多的生态系统之一，具有很高的生物生产力，按其形态可分为岸礁、堡礁和环礁。珊瑚礁还具有重要的海岛岸线防护功能和旅游观赏价值。

世界珊瑚礁主要分布在热带和亚热带海域，全球约110个国家拥有珊瑚礁资源，已记录的礁栖生物占到海洋生物总数的30%(Reaka-Kudla，1997)。现代珊瑚礁主要集中在两大区系：印度-太平洋区系和大西洋-加勒比海区系，分别占全球珊瑚礁总面积的78% 和8%；已报道的造礁珊瑚种类，印度-太平洋区系有86个属1 000余种，大西洋-加勒比海区系有26个属68种(邹仁林，1998)。按照世界资源研究所(the World Resources Institute，WRI)2002年的量算结果，中国的珊瑚礁面积合计7 300 km^2，占世界珊瑚礁总面积的2.57‰，位列全球第8位(Burke et al.，2002)。我国的珊瑚礁主要集中分布在南海的南沙群岛、西沙群岛、东沙群岛以及台湾省、海南省周边，少量不成礁的珊瑚分布在香港、广东、广西的沿岸，从福建省东山岛到广东省雷州半岛，从台湾北部钓鱼岛到广西涠洲岛(李元超等，2008)。我国造礁石珊瑚物种丰富，迄今已发现14科54属174种(邹仁林，2001)，占世界造礁石珊瑚种类的1/3(赵美霞等，2006)。

珊瑚礁对海水温度、盐度、水深、光照和溶解氧等自然环境条件都有比较严格的要求。

1. 海水温度

海水温度是影响造礁珊瑚地理分布的重要因素。造礁珊瑚生长的适宜温度在18 ~ 30℃，其最佳适应温度是23 ~ 27℃。珊瑚生长受水温的限制，从而决定了珊瑚礁的地理分布，珊瑚礁一般分布在南、北纬30℃之间(李永适，1999)。此外，在有强大暖流经过的海域，例如我国台湾岛东北的钓鱼岛和日本的琉球群岛，虽纬度较高，但也有珊瑚礁存在；相反，在属于热带的非洲和南美洲西岸海域，由于低温上升流的存在，则没有珊瑚礁(安晓华，2003)。个别种类的珊瑚有时能够忍受更低的水温，如在美国北卡罗来纳州海岸低温达10 ~ 16℃的海水中，仍有单体造礁珊瑚生长(Milliman et al.，1974)。温度高于30℃以上时，珊瑚与其共生藻之间的共生关系就被破坏，会造成珊瑚褪色、白化，甚至死亡(方力行，1989)。

2. 盐度

海水盐度是影响造礁珊瑚生长的重要因素之一。造礁珊瑚正常生长的海水盐度是27 ~ 40,其最佳生长环境盐度为34 ~ 37(Milliman et al.，1974)，盐度降至26左右是珊瑚的忍受限度(Shepard et al.，1973)。因此，在河口区和陆地径流输入较大的海区，由于盐度的降低而不存在珊瑚礁生态系统。海水盐度剧烈变动主要发生在大雨和暴雨期间，沿岸海水被大量流入的淡水稀释而变淡，此时，沿海岸浅水区生长的珊瑚会受到严重损害。如南太平洋上的复活岛，曾因1天降雨量达100 mm，致使该岛四周的珊瑚发生白化现象，2个月后，受损的珊瑚才逐渐恢复正常状态(方力行，1989)。

3. 水深

造礁珊瑚的属种一般随着海水深度的增加而减少，大多数珊瑚属种的生长水深小于50 m，只有在特别清澈的海水中，可以生活在70 ~ 80 m的海底，一般条件下50 ~ 60 m水深是珊瑚生长的极限。印度洋-太平洋造礁珊瑚大多数属种生活在50 m水深以浅(方力行，1989)。有些珊瑚属种的生存水深范围很窄，如加勒比海常见的掌状鹿角珊瑚(*Acropora Palmata*)仅见于水深小于3 m或7 m的范围内(王国忠，2001)。

4. 光照

光照强弱和时间长短是影响造礁珊瑚的另一个重要的生态因子。光照能直接或间接地影响共生藻的存在、珊瑚骨骼外形与钙化速率以及珊瑚营养能量获取的方式与途径(方力行，1989)。实际上，造礁珊瑚的生存和钙化主要依赖于虫黄藻光合作用的强弱。虫黄藻依靠日光进行光合作用，以维持其生命。海水透明度的大小、天空中云量的多少、光照时间的长短都有季节性变化，随着水深的增加，光线被吸收而减弱，这些都是影响造礁珊瑚和虫黄藻获得光照的因素。

5. 溶解氧

氧气对珊瑚的生长也是必不可少的条件之一。海水中的溶解氧与海洋生物的生长繁殖有着密切关系，溶解氧主要来源于大气中氧的溶解，其次是海洋生物在光合作用下所放出的氧。珊瑚主要靠与其共生的虫黄藻供给氧气(黎广钊等，2004)。

6. 其他因素

珊瑚礁的分布还与其他因素有关，如海水中磷酸盐的含量、波浪、基底等。由于珊瑚虫主要靠吸食细小的浮游动物为生，同时也吸食一些细菌和浮游植物作为饵料，而磷酸盐是海洋生物繁殖和生长不可缺少的营养成分，因此，海水中磷酸盐的含量正常有利于珊瑚生长、繁衍(黎广钊等，2004)。海水波浪一方面驱动水体加速运动，促进水中氧气和二氧化碳的交换，给珊瑚带来丰富的悬浮食物，并能簸洗掉礁面上的细粒沉积物，促进珊瑚的生长(黎广钊等，2004)；另一方面，大浪会折断珊瑚的躯干和肢体，或将生长珊瑚的砾石翻动，使珊瑚体被碾碎或反扣砾石下，抑制珊瑚礁的生长(安晓华，2003)。珊瑚生长的好坏还与基底有着密切关系，较硬的基底，如基岩、礁块及砾石等均是珊瑚生长的良好条件，而松散的基底如沙泥或泥，珊瑚则难以生长(黎广钊等，2004)。

(二)调查内容及调查方法

珊瑚礁生态系统调查内容包括：珊瑚种类、盖度、死亡率、病害及硬珊瑚补充量。

1. 断面布设

根据珊瑚分布的密度、均匀度、优劣情况以及海底地形，在所有调查有珊瑚分布的站位，沿着珊瑚礁长轴方向都分别布设 2 条平行于海岸线的 50 m 长的断面(等深线)，且断面布设尽量均匀，不能重复，能反映出该调查区域珊瑚的分布及生态现状。

2. 活珊瑚种类及覆盖度

从断面一端开始，用软尺测量断面下的活珊瑚所占绳长(小于 10 cm 的不记)，记下断面线下活珊瑚的总长度，并对断面上测量的造礁珊瑚种类进行现场鉴定。如果断面线下有砂质底质，记录其所占的长度，调查结果记录在表 5-6 中。

表 5-6 珊瑚调查报表

调查单位__________(公章) 填表日期___年___月___日

调查站位编号________经度________纬度________ 调查时间___年___月___日

活珊瑚平均盖度___(%) 死亡___(%) 硬珊瑚平均补充量___(个/m²) 平均发病率___(%)

调查指标			断面 1	断面 2	断面 3	断面 4	断面 5	断面 6	备注
活珊瑚盖度(%)	硬珊瑚								
	软珊瑚								
种类数量/种	硬珊瑚								
	软珊瑚								
底质类型(%)	岩石								
	鹅卵石								
	沙								
	软泥								
死亡状况	死亡珊瑚数量/个								
	死亡率(%)	6 个月内死亡率							
		1~2 年内死亡率							
		2 年以上死亡率							
		总死亡率							
病害发生率(%)	B								
	BB								
	WB								
	WR								
	YB								
	RB								
	其他								
硬珊瑚补充量/(个/m^2)									

3. 硬珊瑚死亡率

在测量珊瑚规格的同时测定断面上硬珊瑚总个数及死亡个数，并估计死亡时间，将测定数据记录在表5-6中。

4. 病害

珊瑚礁病害主要通过颜色的改变来判断。应对白化病及其他颜色的异常进行监测并拍照，只统计每个珊瑚“头部”平面上颜色的异常状况。记录每个珊瑚颜色异常状况并对病害情况进行现场拍照。

5. 硬珊瑚补充量

完成每个调查区域的断面监测后，在调查过的珊瑚礁附近自由游动，寻找没有大型固着生活的无脊椎动物(直径大于25 cm)区域，放置25 cm × 25 cm样方，统计样方内直径小于2 cm的石珊瑚数量，尽可能记录每一种类的属名。

第六章　海岛自然灾害调查

☞ [**教学目标**]

海岛自然灾害具有复杂性，本章主要介绍海岛自然灾害调查内容及方法，包括海岛地质灾害调查、海岛周边海域环境灾害调查及海岛生态灾害调查。其中，海岛地质灾害调查包括岛陆地质灾害(泥石流、滑坡和崩塌)和潮间带退化(岛岸侵蚀、沙滩退化)；海岛周边海域环境灾害调查包括台风、寒潮、风暴潮、海浪和海冰等；海岛生态系统灾害调查包括植被退化、外来生物入侵、病原生物等。

第一节　海岛地质灾害调查

海岛地质灾害调查范围为我国面积大于500 m^2的无居民海岛或有居民海岛，包括岛岸侵蚀、沙滩退化、海水入侵、岛陆泥石流、滑坡和崩塌灾害调查。其中，岛陆泥石流、滑坡和崩塌灾害调查范围为我国有居民海岛；岛岸侵蚀和沙滩退化灾害调查范围为软质类型海岸海岛或存在软质类型海岸的海岛；海水入侵灾害调查范围为我国面积大于500 m^2的海岛或有淡水资源存在的海岛。

一、名词解释

沙滩退化(Sandbeach degradation)：指由自然因素、人为因素或者两种因素叠加而引起的沙滩沉积物粒度粗化、沙滩宽度变窄和沙滩坡度变陡的现象。

岛岸侵蚀速率(Rate of coastal erosion)：指单位时间内岛岸位置后退的幅度或岸滩下蚀的幅度。在某些地区，岛岸线可用海图0 m等深线或其他等深线代替。

海水入侵(Sea water intrusion)：指在滨海地区由于人为超量开采地下水，引起地下水位大幅度下降，海水与淡水之间的水动力平衡被破坏，导致咸淡水界面向陆地方向移动的现象。

二、调查内容

海岛地质灾害调查内容包括三部分：①对岛陆泥石流、滑坡和崩塌等灾害发生的时间、位置、范围、危害以及所造成的损失进行调查；②对海岛侵蚀岸线长度、海岸侵蚀速率和侵蚀过程的调查；③对海岛海水入侵现状及危害影响程度以及海水入侵特征、成因和规律进行调查。

三、调查方法与技术要求

(一)岛陆泥石流、滑坡和崩塌等重力灾害调查

岛陆泥石流、滑坡和崩塌等灾害调查，采用以收集海岛有关历史资料为主，以调访为辅的调查方法，并开展现场测量验证。

1. 资料收集

岛陆自然灾害调查资料收集包括：①收集区域地质、水文地质、工程地质、环境地质、第四纪地质、遥感资料和专门性地质灾害调查以及水文气象、植被和社会经济等方面的调查报告、图件、研究报告、专著和论文等；②查阅相关的历史典籍和沿海各地的地方志，提取各类地质灾害现象的记录，分门别类地进行整理综合；③收集主管部门地质灾害统计年表和通报；④收集工作区地形图、海图、航片和卫片资料；⑤资料收集之后，详细填制调访资料卡，进行分类汇总，填写调访分类汇总表，建立收集资料的数据库，编制地质灾害分类汇总数据集。

2. 调访

①结合历史数据资料梳理，赴灾害发生地，调访当地政府部门，收集当地历次统计年鉴以及志书等资料；②调访当地群众，调访内容包括当地各类型灾害发生的期次、位置、范围及程度。

3. 现场踏勘和验证

(1)根据工作区灾害地质条件和人类工程经济活动特点，确定重点调查地区、灾害地质类型和地质灾害。

(2)现场调查时应测量泥石流灾害、滑坡和崩塌体范围，特别应测量高差及坡度，泥石流、滑坡及崩塌物的物质组成，并对上述灾害的危害影响程度进行评价。

(3)对调查程度较高的地区，进行一般性踏勘和调访。对有典型特征的灾害现象和地

质灾害类型多、密度大的地区进行重点踏勘和调访。对调查程度较低或空白区，参照遥感图像进行调研。

(4)对现时发生的地质灾害现象进行现场定位、照相、摄像、填图、访问和记录。

(5)现场调查中，应充分利用已有资料和遥感解译成果，通过野外调查和遥感图像解译成果的野外验证，增强地面调查工作的针对性，提高成果质量。

(6)野外调查结束后，提交野外调查总结，并包括野外调查手图、灾害地质因素与地质灾害分布草图，各类监测点监测情况记录，照片册、录像带和数据资料。

(二)岛岸侵蚀和沙滩退化调查

对海岛侵蚀岸线长度、海岸侵蚀速率和侵蚀过程的调查，以资料收集和专题图件对比分析为主，结合大面普查综合进行。对于有居民海岛且沙滩(或沙砾滩)岸线长度大于500 m 的海岛及对于无居民海岛且沙滩(或沙砾滩)岸线长度大于50 m 的海岛，宜开展重点调查，重点调查的沙滩不少于1个，监测年限不少于2年。

1. 资料收集和区域环境背景调访

1)资料收集

收集的资料包括地质地貌、动力沉积、水文、气象、历史地理、与岸滩发育和综合利用有关的土壤、植被、生物资源等。

2)区域环境背景调访

调访内容包括对影响海岸变化的自然因素及人为因素、海岛开发利用现状及社会经济条件等。

2. 大面普查方法

大面普查利用已有调查研究成果、不同期次的卫片或航片对比等方法进行。在对比时，须将坐标系统统一到 CGCS 2000 世界大地坐标系下进行。按照2000年以前的侵蚀速率和2000年以后的侵蚀速率两个阶段将普查结果进行汇总(表6-1)。

表6-1　海岛岛岸侵蚀及沙滩退化现状统计表

区域概位	岸线类型	侵蚀岸段长度/km	侵蚀岸段起止点坐标		2000年以前的侵蚀速率	2000年以后的侵蚀速率	备注(说明数据来源)
			起点坐标	终点坐标			

填表人：　　　　　　　　　　　　　　　　　　　　　　填表日期：

3. 调查方法

1) 监测桩与监测

(1) 固定监测断面：以监测桩为起点，垂直于海岸线方向布设，包括滩面水准测量及水下地形断面测量两部分。

(2) 固定监测桩：在距岸线有一定距离并相对稳定的陆域，设间距为 1 km 的固定监测桩。

2) 岸线位置监测

(1) 常规监测方法：定期测量监测桩与岸线之间的距离，揭示岸线位置的变化。

(2) 辅助监测方法：通过各时期出版的大比例尺地图或各时期的航照图、卫星影像与数字化图件进行对比分析，确定海岛岸线位置的动态变化。

3) 岸滩表层沉积物变化监测

对于砂质海岸，沿监测断面按间隔不大于 200 m 进行表层沉积物取样。对于淤泥海岸或生物海岸，沿监测断面按间隔 500 m 进行表层沉积物取样。

4) 调查时间及频率

岸线位置和地形地貌变化每年 3 月、10 月各监测 1 次；遇风暴潮等特殊情况，应另行加测。岸滩表层沉积物变化监测每年监测 1 次，与岸线位置和地形地貌测量同步进行。

5) 沙滩退化状况计算

可通过测量，计算沙滩坡度、宽度以及对比表层沉积物的变化，确定沙滩退化的程度，分析沙滩退化原因。

(三) 海水入侵调查

对海岛海水入侵现状及危害影响程度，海水入侵特征、成因和规律的调查，采用资料收集、调访及断面监测等。对遭受海水入侵灾害严重的海岛，布设观测断面和观测点实施勘测。

1. 资料收集

收集的资料包括钻孔资料、地质构造、新生界地层、沉积环境与历史海侵、土壤资料、大气降水、地表水和水文地质环境资料。

2. 海水入侵灾害调访

赴海岛所在地，开展海水入侵现状、海水入侵灾害的影响程度调访，调访对象包括当地渔民、相关部门。调访后填写海水入侵灾害调访表。

3. 断面监测

对连续 5 年以上均有海水入侵记录的海岛，宜开展海水入侵情况详查，布置断面进行监测，监测年限不少于 2 年，每年监测 1 次。主要监测地下水位动态年际变化、地下水质时空变化。观测剖面原则上应垂直海岛岸线布置，辅助剖面则应考虑查明边界条件的需要及垂直河流布置；控制不同类型的含水层，特别是有海水入侵危险的含水层。观测重点主要是供水目的层和已发生海水入侵的含水层；控制地下水水位下降漏斗区和海水入侵区。

第二节　海岛周边海域环境灾害调查

海岛周边海域环境灾害在不同时空范围尺度上差异较大，风暴潮及台风灾害主要集中在我国热带与亚热带海区，并且具有夏秋季节发生频率高的特点。海冰灾害主要出现在冬季，常见于我国北部黄海和渤海海域。

一、名词解释

风暴潮(Storm surge)：指由于热带风暴、温带气旋、海上飑线等风暴过境所伴随的强风和气压骤变而引起的局部海面振荡或非周期性异常升高(降低)现象。

灾害性海浪过程(Process of disasterous wave)：指持续时间大于等于 6 h 的海浪过程(海浪的有效波高不低于 4 m)，台风、风暴潮等气象灾害易形成灾害性海浪过程。

冰量(Ice volume)：指海冰覆盖面积占整个能见海面的成数。

二、调查内容

海岛周边海域环境灾害调查包括风暴潮和台风灾害调查与海冰灾害调查两部分。

风暴潮灾害调查内容包括风暴潮漫滩范围、灾害损失以及相关自然变异信息调查(气象、水文要素等)；台风灾害调查包括台风灾害基础地理信息调查及台风灾害史料调查(历次台风名称、移动路径、发生时间和导致的损失情况等)。

海冰灾害调查内容包括初冰日、终冰日、冰期；沿岸固定冰宽度、厚度、海冰表面特征；寒潮冷空气频率、强度、时间、路径、风速、风向、降温幅度的历史状况调查和寒潮冷空气过程强化观测；灾害现场海冰环境、灾害特征和承灾体特征、海冰致灾机理。

三、调查方法与技术要求

(一)风暴潮和台风灾害调查方法与技术要求

对于风暴潮、台风主要采用资料收集、现场调访等手段综合进行。对于有条件的海岛，可开展灾害发生时的现场调查。

到海岛所属地区采访当地主管部门、政府部门工作人员和当地居民，调查了解风暴潮、台风灾害导致的人员伤亡和经济损失。一次强风暴潮袭击和淹没沿岸区域后宜进行详细的现场调查，调查主要内容包括沿海灾害损失、防风暴潮能力损毁及有关的灾害自然变异。

(二)海冰灾害调查方法与技术要求

海冰灾害调查主要采用资料收集、现场调访等手段综合进行。对于有条件的海岛，可开展灾害发生时的现场调查。

海水结冰是由于水温下降到冰点引起的自然现象。因此，当天气转暖，所在海区的水文、地形等因素的不同，使浮冰外貌特征大不相同。浮冰现状观测，是指浮冰的大小尺度。沿岸冰状观测时，应根据冰状特征，依量的多少用符号记录，量相同时依碎冰到平整冰顺序记录(表 6-2、表 6-3)。

表 6-2　浮冰冰状表

冰状类型	符号	最大水平尺度/m
巨冰盘	Gf	$L \geqslant 2\,000$
大冰盘	Bf	$500 \leqslant L < 2\,000$
中冰盘	Mf	$100 \leqslant L < 500$
小冰盘	Sf	$20 \leqslant L < 100$
冰块	Ic	$2 \leqslant L < 20$
碎冰	Bi	$L < 2$

表 6-3　冰表面特征分类表

冰表面特征分类	符号	特征
平整冰 (Level ice)	L	未受变形作用影响的海冰，冰面平整或冰块边缘仅有少量冰瘤及其他挤压冻结的痕迹
重叠冰 (Rafted ice)	Ra	在动力作用下，一层冰叠置到另一层冰上形成，有时三四层冰互相叠置而成，但其叠置面的倾斜角度不大，冰面仍较平坦
冰脊 (Ridge)	Ri	碎冰块在挤压力作用下形成的一排排具有长度的山脊状堆积冰
冰丘 (Hummock)	H	在动力作用下，冰块杂乱无章地堆积在一起，形成山丘状
覆雪冰 (Snow-coveredic)	S	表面有积雪的冰

1. 卫星遥感监测

通过业务系统或订购方式获得卫星过境时实时、延时探测的我国渤海和黄海北部海域多源海冰遥感信息。

(1)数据预处理。对接收的遥感卫星原始资料进行质量检验去除异常数据、地理定位、辐射定标处理，生成 1 级产品。

(2)处理。对 1 级遥感卫星产品进行反演，去除云覆盖、渤海和黄海北部海域的泥沙影响，进行太阳高度角订正，得到固定区域的投影产品，生成包括海冰分布、冰厚、冰温、密集度和真彩色合成图像等 2 级产品，对 2 级产品进行海冰发生的环境分析。根据实测资料对 2 级产品进行订正。

2. 近岸观测

观测内容包括冰量、冰表面特征、冰状、最大浮冰块水平尺度、浮冰密集度、浮冰漂流方向和速度；沿岸冰堆积量、堆积高度、宽度、厚度等。

观测时要求视野开阔，观测视角大于 120°，能观测到当地重要海区(港湾、航道、锚地或海上建筑物等所在海域)的海冰状况。基线应选定在沿岸冰有代表性的方向上，与海岸线垂直，基线方向自观测场地指向外海。

1)冰量观测

对总冰量、浮冰量和固定冰量进行观测。在进行冰量观测时，将整个能见海面分为 10 等份，分别估计全部海冰、浮冰和固定冰的覆盖面积所占的成数。无冰时冰量记录栏空白；不足半成时，冰量记“0”；占半成以上，不足一成半时记“1”；依此类推，整个能见海面布满海冰而无缝隙时，冰量记“10”，有缝隙时记“10-”。海面能见度小于或等于 1 km 时，不进行冰量观测，作缺测处理。

2)冰表面特征观测

按表 6-2 判断浮冰和固定冰所属种类，用符号记录。当海面同时存在两种或两种以上冰表面特征时，按其量多少依次记录。当海冰距离观测场地很远，无法判定冰表面特征时，作缺测处理。

3)浮冰冰状和最大浮冰块水平尺度的观测

按表 6-3 判定所属冰状，用符号记录。当海面同时存在两种或两种以上冰状时，按其量多少依次记录；量相同时，按表 6-3 所列顺序记录。每次观测最多记 3 种。初生冰不进行冰状和最大浮冰块水平尺度的观测。当海面仅有初生冰时，冰状和最大浮冰块水平尺度记录栏空白。当浮冰距离观测场地很远，无法分辨出单个冰块时，冰状和最大浮冰块的水平尺度作缺测处理。

第三节 海岛生态灾害调查

海岛生态灾害调查包括海岛植被退化调查及海岛外来有害生物入侵调查，适时对海岛植被及外来生物入侵及原生物的调查与监测，能够有效地减少海岛生态灾害的发生，维持海岛生态系统的健康与稳定。

一、名词解释

生物入侵(Biological invasion)：指物种从自然分布地区通过有意或无意的人类活动而被引入，在当地的自然或人工生态系统中形成自我再生能力，给当地的生态系统或景观造成明显损害或影响的现象。

二、调查内容

海岛生态灾害调查内容包括海岛植被退化调查和海岛外来有害生物入侵调查两部分。需要进行海岛植被退化调查的范围主要为以往海岛调查过程中有珍稀濒危植物分布记录的海岛，有较大面积植被分布但生态环境比较脆弱的海岛，植被退化比较严重的海岛以及开发利用强度较大的海岛。海岛外来生物入侵及病原生物的调查范围是有居民海岛、有重要保护价值的海岛、开发利用强度较大的海岛以及生态环境比较脆弱的无居民海岛等。

三、调查方法与技术要求

(一)海岛植被退化调查

对海岛植被退化状态调查流程分为背景资料获取与现场调查验证两个步骤。背景资料的获取方式包括走访政府相关管理部门以及遥感影像的解译，现场调查验证常采用样方法和样线法。

1. 背景资料调访

海岛植被退化背景资料调访在海岛上的居民点、政府部门、沿海管理海岛的各级政府林业部门、渔业部门中展开，调访内容包括引起海岛植被退化的自然因素及人为因素，并进行综合分析。

2. 遥感影像解译

(1)动态研究海岛植被退化，宜使用高分辨率、多时相的遥感资料进行对比分析。遥感信息源的选用包括卫星遥感资料、航空遥感资料。

(2)通过遥感图像(或数据)解译提取和分析反映海岛植被退化特征的各种信息，编制相应的遥感解译图件，以便于地面调查使用。解译内容一般应包括：海岛植被类型、面积及分布范围；海岛土地利用状况；海岛景观结构及分布特征。

3. 现场调查与验证

有卫星影像、航空相片资料的海岛，应充分利用卫星影像、航空相片等遥感解译的成果，结合区域地形图、植被图、开发利用现状图和其他专题图件等资料，再通过野外样方法与样线法调查验证，应尽可能安排在植物花期或果期进行。

1)样方法

综合考虑植物群落种类成分的均一性、生境条件的一致性(尤其是地形和土壤)、群落结构的完整性和人为影响的一致性，选择代表性的样地；依据海岛植被类型的复杂程度布设样方，样方数应满足要求；根据群落物种生活型和多样性差异确定样方的大小，一般草本群落为1 m × 1 m，灌木群落为5 m × 5 m，乔木群落为10 m × 10 m。

2)样线法

对于物种不丰富、区域面积不大、分布分散的植被类型宜采用样线方法。首先，根据现有资料和了解的情况，确定当地需要调查的植被类型，利用地形图、植物资源分布图或行政区划图，结合当地特色珍稀濒危野生植物分布资料，确定调查路线起讫点和走向。在沿既定路线行进过程中，记录新见的植物群落类型、位置、地形地势，记录群落内的常见物种、生长情况、外来物种分布、特色珍稀濒危物种等内容，填写植物群落类型路线调查表。拍摄群落生境、外貌、结构及重要植物物种等照片，填写植物群落照片登记表。

(二)海岛外来有害生物入侵调查

海岛外来有害生物入侵方式调访要充分利用历史资料和其他海洋灾害相关资料进行，通过调访确定船舶压载水携带的浮游生物、滩涂和海水养殖池有意引进的海洋水生生物、滩涂和海岛陆上的外来有害植物、港口及船底附着的外来生物以及其他调查到的外来有害生物的入侵方式。

1. 船舶压载水携带浮游生物种类和数量调查

从测深管、压载水舱或压载水泵对船舶压载水采样，同时测定压载水的温度、盐度等理化参数；记录船舶大小、吨位、制造日期和压载水舱类型和容量等基本参数；记录压载水的来源，中途是否更换，若更换，更换的位置(经纬度)等相关信息。水样带回实验室后，利用解剖镜、显微镜等进行压载水中浮游生物分类鉴定。

2. 海岛港口附着外来物种调查

在港口的码头泊位、航道航标、栈桥、防波堤和港口内停泊船舶的船底等设施上选择2 ~ 3个站位采用挂季板方式采集附着生物，收板后采集样品固定保存后带回实验室，对动物样品进行粗略的分选，挑选出代表性动物拍照并保存在90% 的乙醇或甲醛溶液里，代表性植物拍照后压制成标本保存，动植物样品要利用解剖镜、显微镜等进行分类鉴定。

低潮时，调查人员要采用目视调查法沿海道港口的航道航标、栈桥、防波堤观察和采集蟹类、贝类、棘皮动物等大型生物，将采集的样品保持在7%的海水甲醛溶液内。

3. 海岛滩涂和陆上外来有害生物入侵调查

主要对潮间带和岛陆的海水养殖区、湿地等植被分布区、水库及坑塘等水体进行调查调访，收集查阅有关文献资料并记录文献中已经报道过的外来种类，采集外来有害生物的样品和标本，采集标本后要将水生外来有害生物的标本保存在70%的乙醇里，岛陆上调查到的外来有害入侵植物要采集标本保存，对已经形成种群的外来有害入侵物种，要用GPS实地测量或卫星遥感等方法测量其分布面积，用摄像机拍摄危害现状的录像并对所有外来有害入侵物种拍照。

四、调查仪器

(一)海岛植被退化调查所需仪器

海岛植被退化调查所需仪器设备有高精度手持GPS，Erdas、Mapinfo或Arcinfo等高版本遥感影像合成软件和地理信息系统软件，植物检索表(或植物志)、显微镜、体式显微镜、数码相机、摄像机、测高仪、卷尺、皮尺、放大镜、标本夹等植被样方调查、植物标本制作所需设备。

(二)海岛外来有害生物入侵调查所需仪器

外来有害生物入侵调查所需仪器设备包括抽水泵(扬程小于8 m的叶轮泵或手动压缩空气泵、扬程大于8 m的电动真空泵或电动膜片泵)、浮游生物网(20 μm、77 μm、160 μm)、水泥挂板、照相机、摄像机、解剖镜等。

(三)海岛病原生物调查所需仪器

海岛病原生物调查所需仪器包括采水器(根据采样深度选用击开式采水器或尼斯金采水器)，不同网目的捕鱼筛网，离心、干燥、冷藏、烘干设备，显微镜、酶标仪、洗板机、PCR仪、电泳仪、凝胶成像系统、组织切片用的切片机和电镜等。病原生物调查应具备样品处理室、无菌室、细胞培养室、分析仪器室、电泳室等实验室，样品处理、准备区域和实验区域应分开。

下 篇

海岛生态环境评价

本篇主要介绍海岛生态环境评价的方法体系，包括对岛陆、潮间带及周边海域三个海岛子系统的环境质量评价及海岛生态系统综合评价。在海岛资源与环境质量（大气、土壤、水资源）评价部分，主要采用单因子评价法和污染综合指数评价法相结合的方法。在海岛生态系统综合评价部分，通过构建不同层次的指标体系，应用隶属度函数法对评价指标进行标准化处理，运用层次分析法、熵值法及综合法确定评价指标权重。在海岛生态系统可持续发展评价部分，主要介绍海岛生态系统压力评价的一般方法以及国内外较为常用的PSR模型。

第七章　海岛资源与环境质量评价

☞［教学目标］

海岛环境质量评价对象为海岛大气环境、土壤环境与水环境。生物多样性评价对象为岛陆植被及动物资源，潮间带及周边海域生物资源、典型生态系统。通过本章学习，厘清海岛岛陆、潮间带及周边海域三个子系统环境质量及生物多样性评价的方法体系，主要掌握指数评价法及主成分分析法、灰色评价法、模糊分析法等综合指数评价法。

第一节　岛陆大气环境质量评价

对岛陆大气环境质量评价可分为大气污染源评价及大气环境质量现状评价。目的在于掌握岛陆大气环境质量现状、大气污染结构和主要污染物排放情况，并预测可能对岛陆大气环境质量造成的污染影响程度和范围，提出避免或减轻大气污染的对策和建议，为海岛开发与保护提供科学依据。

一、岛陆大气污染源评价

对岛陆大气污染源进行评价，以确定主要污染物和主要污染源，为污染源治理或制定治理规划和污染防治提供依据。不同的污染物和污染源有不同的特征，不同的环境效益对岛陆产生不同的健康危害，为了使它们能在统一尺度上加以比较，常采用等标污染负荷以及在此基础上所构造的其他指数进行评价。

（一）等标污染负荷

等标污染负荷是指把 i 污染物的排放量稀释到相应排放标准时所需的介质量，用以评价各污染源和各污染物的相对危害程度。

（1）污染物的等标污染负荷，计算如下式：

$$P_{ij} = \frac{\ell_{ij}}{\ell_{oi}} Q_{ij}$$

式中：

P_{ij}——第 j 个污染源第 i 种污染物的等标污染负荷，m^3/s；

ℓ_{ij}——第 j 个污染源第 i 种污染物的排放浓度，mg/m^3；

ℓ_{oi}——第 i 种污染源的排放标准，mg/m^3；

Q_{ij}——第 j 个污染源中含有第 i 种污染物的介质排放流量，m^3/s。

(2)若第 j 个污染源共有 n 种污染物参与评价，则该污染源的总等标污染负荷为

$$P_i = \sum_{i=1}^{n} P_{ij} = \sum_{i=1}^{n} \frac{\ell_{ij}}{\ell_{oj}} Q_{ij}$$

(3)若评价区共有 n 个污染源含有第 i 种污染物，则该污染物在评价区的总等标污染负荷为

$$P_i = \sum_{j=1}^{n} P_{ij} = \sum_{j=1}^{n} \frac{\ell_{ij}}{\ell_{oj}} Q_{ij}$$

(二)等标污染负荷比

为了确定污染物和污染源对环境的贡献，引入污染负荷比。

(1)在第 j 个污染物中，第 i 种污染物的污染负荷比：

$$K_{ij} = \frac{P_{ij}}{\sum_{i=1}^{n} P_{ij}}$$

K_{ij}是无量纲，它是确定污染源内各种污染物排序的参数，K_{ij}最大者就是最主要的污染物。

(2)评价区内，第 j 个污染源的污染负荷比：

$$K_{ij} = \frac{\sum_{i=1}^{n} P_{ij}}{P}$$

式中：

P——评价区域内所有污染源的等标污染负荷之和；

K_{ij}——无量纲，它可确定评价区的主要污染源及污染源的排序，K_{ij}值最大者为最主要污染源。

采用等标污染负荷处理，容易造成一些毒性大、在环境中易于积累的污染物排不到主要污染物中，然而对这些污染物的排放控制又是必要的，所以通过计算后，还应作全面考虑和分析，最后确定出主要污染源和主要污染物。

二、岛陆大气环境质量现状评价

岛陆大气环境质量现状评价基于对岛陆大气的有效监测，常采用的评价方法有单因子评价法和综合指数评价法。

(一)监测结果统计分析

监测结果说明评价区内大气污染物监测浓度范围、平均值、超标率。同时，还应进行浓度时空分布特征和浓度变化与污染气象条件的相关分析。

1. 监测数据有效性检验

实验室在提出监测报告时，应根据《数据的统计处理和解释、正太样本异常值的判断和处理》(GB 4885—1985)的规定，剔除时空数据，对于未检出值，取该分析方法最小检出限的一半代之。对统计结果影响大的极值应进行核实，并剔除异常值。

2. 监测数据统计

在大气环境质量现状监测数据统计中，通常需要计算数据的集中趋势和离散指标，一般包括浓度范围、日均浓度及其波动范围、季(监测期)日均浓度值、一次及日均值超标率、最大污染时日等。

3. 监测数据分析

(1)污染物浓度时空分布特征分析。研究污染物浓度随时间变化时，需要确定一定的时间序列。对环境影响评价来说，由于监测时间较短，只能用周期性时间序列，从周期性分析浓度随时间的变化规律。周期性序列包括一昼夜、一周、一个月、一季等。计算出一定时间周期的污染物平均浓度后，绘制出污染物周期变化图。

(2)污染物浓度空间分布特征分析。污染物浓度的空间分布特征可反映排放源、气象因素、地理条件、人为活动等与浓度之间的关系。通常用浓度等值线图表示浓度空间分布的特征。

(3)污染物浓度与气象条件的相关分析。对污染物浓度和气象要素进行同步检测后，可根据监测资料分析污染物浓度与大气层结、风向、温度、气压等气象因素的相关关系。

(二)岛陆大气环境质量现状评价

指数评价法是一种最常用于大气环境质量评价的方法，它具有一定的客观性和可比性。在大气环境评价中常采用的是单因子评价法和综合指数评价法。

1. 单因子评价法

单一指数是把反映生态环境指标状态的特征或数值转换为该指标评价指数值的过程。

1) 单项评价指数评价

过去国内外大气环境质量现状评价多采用环境质量综合指数，以大气环境内诸评价因子的分指数为基础，经过数学关系式运算而得，因此，如果有几种污染物浓度很低，可能把某个污染物浓度较高的情况掩盖起来，或者个别污染物很高，有可能把几种污染物浓度较低的情况掩盖起来。这样，用综合指数表征大气环境质量的优劣就偏离了实际情况。目前，一般采用比较直观、简单的单项评价指数评价大气质量，其表达式为

$$I_i = \frac{\rho_i}{\rho_{oi}}$$

式中：

I_i——污染物指数；

ρ_i——污染物 i 的实测浓度，mg/m^3；

ρ_{oi}——污染物 i 的环境质量标准值，mg/m^3。

2) 算数平均值法

某一测点监测数据平均值的计算主要涉及日、月、季、年平均值的计算，计算如下式：

$$\overline{C_j} = \frac{1}{n}\sum_{i=1}^{n} C_{ij}$$

式中：

$\overline{C_j}$——j 监测点的监测数据平均值；

C_{ij}——j 监测点上第 i 个监测数据；

n——监测数据的数目。

3) 超标倍数的统计

其统计公式如下：

$$超标倍数 = (c - c_0)/c_0$$

式中：

c——监测数据值；

c_0——环境空气质量标准。

4) 超标率的统计

其统计公式如下：

$$超标率 = 超标数据个数 / 总监测数据个数$$

要特别注意的是，不符合监测技术规范要求的监测数据不计入总监测数据个数，未检出点位数需计入。

2. 综合指数评价法

空气质量指数(AQI)定义为定量描述空气质量状况的无量纲指数，针对单项污染物还规定了空气质量分指数(Individual Air Quality Index，IAQI)。利用空气质量指数可以直观地评价大气环境质量状况并指导空气污染的控制和管理。空气质量指数范围为0~500。AQI与原来发布的空气污染指数(API)有着很大的区别。AQI分级计算参考的标准是现行《环境空气质量标准》(GB 3095—2012)，参与评价的污染物为SO_2、NO_2、PM_{10}、$PM_{2.5}$、O_3、CO六项；而API分级计算参考的标准是已废除的《环境空气质量标准》(GB 3095—1996)，参与评价的污染物仅为SO_2、NO_2和PM_{10}三项，且AQI采用的分级限制标准更严格。因此，AQI较API监测的污染物指标更多，其评价结果更加客观，计算公式如下：

$$I=\frac{I_{high}-I_{low}}{C_{high}-C_{low}}(C-C_{low})+I_{low}$$

式中：

I——空气质量指数，即AQI，输出值；

C——污染物浓度，输入值；

C_{low}——小于或等于C的浓度限值，常量；

C_{high}——大于或等于C的浓度限值，常量；

I_{low}——对应于C_{low}的指数限值，常量；

I_{high}——对应于C_{high}的指数限值，常量。

AQI评价过程如下。

(1)通过对照各项污染物的分级浓度限值，以细颗粒物($PM_{2.5}$)、可吸入颗粒物(PM_{10})、二氧化硫(SO_2)、二氧化氮(NO_2)、臭氧(O_3)、一氧化碳(CO)等各项污染物的实测浓度值(其中$PM_{2.5}$、PM_{10}为24 h平均浓度)分别计算得出空气质量分指数IAQI；

(2)从各项污染物的IAQI中选择最大值确定为AQI，当AQI大于50时将IAQI最大的污染物确定为首要污染物。

(3)对照AQI分级标准(表7-1)，确定空气质量级别、类别及表示颜色、健康影响与建议采取的措施。

表7-1　空气质量指数及相关信息

AQI值	AQI分类	AQI颜色	对健康影响情况
0~50	优	绿色	可正常活动
51~100	良	黄色	空气质量可以接受，但某些污染物对异常敏感人群有较微弱的影响
101~150	轻度污染	橙色	易感人群症状有轻度加剧，健康人群出现刺激症状

续表

AQI 值	AQI 分类	AQI 颜色	对健康影响情况
151~200	中度污染	红色	进一步加剧易感人群症状，可能对健康人群心脏、呼吸系统有影响
201~300	重度污染	紫色	心脏病和肺病患者症状显著加剧，运动耐受力降低，健康人群中普遍出现症状
>300	严重污染	褐红色	健康人群耐受力降低，有明显强烈症状，提前出现某些疾病

第二节　岛陆土壤环境质量评价

土壤是地球表面具有肥力、能生长植物的疏松表层。它由岩石风化而成的矿物质、动植物残体腐解产生的有机质以及水分、空气等组成，呈不完全连续的状态存在于陆地表面。土壤环境质量是指土壤环境(或土壤生态系统)的组成、结构、功能特性及其所处状态。

我国海岛以基岩岛为主，大部分海岛岛陆土壤发育条件不良，因此需要加大对海岛土壤的保护力度。开展岛陆土壤环境质量评价，掌握岛陆土壤环境现状，有利于海岛土壤保护。本节内容参照第二次全国海岛资源综合调查中对海岛土壤的评价方法。

一、岛陆土壤环境评价因子选择

评价因子选取的合理性关系到评价结论的科学性和可靠程度。选择评价因子时要综合考虑评价目的和评价区域的土壤污染物的类型等因素，岛陆土壤环境评价选取的基本因子如下：

1. 重金属及其他有毒物质

汞、镉、铅、锌、铜、铬、镍、砷、氟及氰等。

2. 有机毒物

酚、DDT、六六六、石油、三氯乙醛及多氯联苯等。此外，还可以选取一些附加因子，主要包括有机质、土壤质地、酸度、石灰反应、氧化还原电位等。根据需要和可能，也可选取代换量、可溶盐、重金属不同价态的含量等。这些附加因子可反映土壤污染物质的积累、迁移和转化特征，可用来帮助研究土壤污染物的运动规律，但不参与评价。

3. 评价标准的确定

判断土壤环境是否受污染最常用的标准是土壤环境背景值。土壤环境背景值是一定区域、一定时期，未受污染破坏的土壤化学元素的含量。区域土壤环境背景值代表了自然和社会发展到一定历史进程，在一定科技水平的影响下土壤化学元素的平均含量。

岛陆土壤环境背景值是一定区域内远离工矿、城镇和道路(公路和铁路)，无明显“三废”污染，也无群众反映有过“三废”影响的土壤中有毒物质在某一保证率下的含量，其计算公式如下：

$$X_i = \overline{X_i} \pm S_i$$

$$S_i = \sqrt{\frac{1}{N-1}\sum_{j=1}^{N}(X_{ij} - \overline{X_i})^2}$$

式中：

X_i——土壤中 i 物质的现状值(背景值)，mg/kg；

$\overline{X_i}$——土壤中 i 物质的平均含量，mg/kg；

S_i——土壤中 i 物质的标准差；

N——统计样品数；

X_{ij}——第 j 个样品中 i 物质的实测含量，mg/kg。

4. 土壤环境背景值统计数据检验

(1)标准差检验：超过 3 倍的标准差的测量值应舍弃，不参加现状值(背景值)的统计。

(2)4 d 法检验：大于 4 倍平均偏差时，该值弃去。

(3)上下层比较：表土与底土中含量的比值大于 1 时，认为此样品已受污染，应予以剔除。

(4)相关分析法：选定一种没有污染的元素为参比元素，求出这种元素与其他元素的相关系数和回归方程，建立 95% 的置信带，落在置信区间之外的样品，可认为含量异常，应予以剔除。

(5)富集系数检验：在风干过程中，有些元素会淋失，有些元素会富集，所以表土中重金属含量高于母质或底土，不一定都是污染造成的，因此需要有一种稳定的元素作为内参比元素，进行富集系数检验元素的富集系数可根据 Mcheal 公式计算：

$$富集系数 = \frac{土壤中元素含量 / 土壤中 TiO_2 含量}{母质中元素含量 / 母质中 TiO_2 含量}$$

富集系数>1，表示该元素有外来污染，应将该土样弃去。

二、岛陆土壤环境评价方法

(一)单因子评价

单因子评价利用实测数据和标准对比分类以确定污染程度。

(1)分指数法：逐一计算土壤中各主要污染物的污染分指数，以确定污染程度。

$$P_i = \frac{C_i}{C_{oi}}$$

式中：

P_i——土壤中 i 污染物的污染分数，无量纲；

C_i——土壤中 i 污染物实测含量，mg/kg；

C_{oi}——i 污染物的评价标准，mg/kg。

$P_i<1$，表示未污染；$P_i \geqslant 1$ 时表示受到不同程度的污染，P_i 值越大污染越严重。

(2)根据土壤和作物对污染物积累的相关数量，确定污染等级和划分污染指数范围，然后再根据不同的方法计算污染指数。

若实测值(C_i)小于或等于土壤积累起始值(X_{ai})，为非污染，即 $P_i \leqslant 1$；

$$P_i = \frac{C_i}{X_{ai}},\ C_i \leqslant X_{ai}$$

若实测值 $C_i>X_{ai}$，但小于作物中污染物含量显著增加相对应的土壤污染物含量(X_{ci})时，属轻度污染，即 $1<P_i<2$；

$$P_i = 1 + \frac{C_i - X_{ai}}{X_{ci} - X_{ai}},\ X_{ai} < C_i < X_{ci}$$

若污染物含量 $C_i>X_{ci}$，但小于污染临界值(X_{pi})，属中度污染，即 $2<P_i<3$；

$$P_i - 2 + \frac{C_i - X_{ci}}{X_{pi} - X_{ci}},\ X_{ci} < C_i < X_{pi}$$

若土壤中污染物含量 $C_i>X_{pi}$，属重度污染，即 $P_i>3$；

$$P_i = 3 + \frac{C_i - X_{pi}}{X_{pi} - X_{ci}},\ C_i > X_{pi}$$

(3)除上述两种方法外，农业部环境保护科研监测所在评价有居民海岛农田环境质量时，采用如下三级评价方法，见表 7-2。

表 7-2　有居民海岛土壤等级划分法

等级	描述	计算方法	土壤状况
0 级	土壤中污染物实测值小于其土壤积累起始值	$P_i=(C_i/X_{ai})<1$	无污染
1 级	污染物在土壤中有积累	$P_i=(C_i/X_{ai})\geqslant 1$ 但 C_i粮(菜)$<X_{ai}$粮(菜)	轻度污染
2 级	土壤受到明显污染，或污染物在农产品食用部分中开始有积累	$P_i=[C_i$粮(菜)$/X_{ai}$粮(菜)$]\geqslant 1$，但 C_i粮(菜)低于食品卫生标准	中度污染

(二)多因子评价

多因子评价一般采用污染综合指数进行评价，此方法计算简便，但对各种污染物的作用是等量齐观的。

1)以土壤中各污染物指数叠加作为土壤污染综合指数

$$P=\sum_{i=1}^{n}P_i$$

式中：

P——土壤污染综合指数；

P_i——土壤中 i 污染物的污染指数；

n——土壤中参与平均的污染物种类数。

2)内梅罗综合污染指数评价法

内梅罗综合污染指数评价法不仅考虑到各种影响参数的平均污染状况，而且特别强调了污染最严重的因子，同时在加权过程中避免了权系数中主观因素的影响，克服了平均值法各种污染物分担的缺陷，是应用较多的一种环境质量评价指数。

$$P=\sqrt{\frac{1}{2}\left[\left(\frac{\sum_{i=1}^{n}P_i}{n}\right)^2+\left(\frac{C_i}{C_{oi}}\right)_{max}^2\right]}$$

该评价方法的优点是充分重视某污染物出现的最大浓度值的影响；缺点是在污染物波动大时，可能出现一个由最大值决定的高峰，反映不出其他污染指数的贡献。

3)均方根综合污染指数评价法

在土壤环境污染数据统计分析中，将所有值平方求和，求其均值，再开平方，得到均方根值，均方根值能反映出数据的有效性。

$$P=\sqrt{\frac{1}{n}\sum_{i=1}^{n}P_i^2}$$

4)加权综合污染指数评价法

加权综合污染指数评价法原理是利用权系数来突出污染最重的污染指标在综合污染指数中的权重。当不同生态环境因子之间对分类指数贡献有差异时，须事先对单一指数赋予一定的权重，其权重确定可用专家咨询法、主成分分析法、熵值法等多种方法。

$$P=\sum_{i=1}^{n}P_iW_i$$

式中：

W_i——污染指标所在污染指数中的权重。

第三节　岛陆水资源质量评价

为客观反映岛陆水资源质量状况及其变化趋势，本节运用《地表水环境质量标准》(GB 3838—2002)及《海洋调查规范　第9部分：海洋生态调查指南》(GB/T 12763.9—2007)中的岛陆淡水及海水质量评价方法、单因子评价法、模糊评价法、灰色评价，对岛陆淡水资源及周边海域海水水质进行评价。

一、岛陆水资源质量评价方法

（一）污染指数评价法

现行的《地表水环境质量标准》（GB 3838—2002）中明确规定：“地表水环境质量评价应根据应实现的水域功能类别，选取相应类别标准，进行单因子评价。”

1. 简单叠加指数评价法

选定若干评价参数，将各参数的实际浓度 C_i 和其相应地评价标准浓度（C_{oi}）相比，求出各参数的分指数，然后将各分指数加和，计算如下式：

$$PI = \sum_{i=1}^{n} \frac{C_i}{C_{oi}}$$

该方法的优点是能综合反映出各种污染物对水质的影响；缺点是结果受评价参数多少的影响，无法区别不同污染物的影响，可比性不高。

2. 算术平均值指数评价法

计算原理与比值法相同，将分指数和除以参加评价的项数（n），计算如下式：

$$PI = \frac{1}{n}\sum_{i=1}^{n} \frac{C_i}{C_{oi}}$$

该方法的优点是结果不受评价参数项数的影响；缺点是可能掩盖高浓度参数或污染参数的影响。

3. 内梅罗指数评价法

该方法的特点是在计算式中含有评价参数中最大的分指数项：

$$PI = \sqrt{\left(\frac{C_i^2}{C_{oi}}\right)_{\max} + \left(\frac{C_i^2}{C_{oi}}\right)_{\text{verg}}}$$

该方法的优点是充分重视某污染物出现的最大浓度值的影响；缺点是在污染物波动大时，可能出现一个由最大值决定的高峰，反映不出其他污染指数的贡献。

4. 加权平均指数评价法

根据污染物对环境影响作用的不同，人为地引入加权值 W_i：

$$PI = \sum_{i=1}^{n} W_i \frac{C_i}{C_{oi}}$$

该方法的优点是考虑了不同污染物对水质影响的不同，构思合理；缺点是结果低于最大分指数，当超标严重时，会掩盖污染问题，难以获取准确而客观的权重值。

5. 混合加权模式

$$PI = \sum{}_1 w_{i1} I_i + \sum{}_2 w_{i2} I_i$$

式中，I 为各污染指标单项指数；$\sum_1$ 为所有 $I_i>1$，即单项污染指数大于 1 的各项求和；$\sum_2$ 为所有单项污染指数 I_i 求和；W_{i1}、W_{i2} 为组成系数，当 $I_i>1$，$W_{i1} = \frac{I_i}{\sum_1 I_i}$；对所有 I_i，$W_{i2} = \frac{I_i}{\sum_2 I_i}$；$\sum_1 W_{i1} = 1$，$\sum_2 W_{i2} = 1$。

该方法的优点是运用客观赋权法，具有一定的合理性，强调了超标指数的影响；缺点是当超标指数过大或超标项多时，评价结果会明显增大。

(二)模糊评价法

水环境污染程度与水质分级相互联系并存在模糊性，而水质变化是连续的，模糊评价法较好地体现了水环境中客观存在的模糊性和不确定性，符合客观规律，具有较强的合理性。

模糊评价法的基本思路是：由监测数据建立各评价因子对各级标准的隶属度集，形成隶属度矩阵(表 7-3)；把因子的权重集与隶属度矩阵相乘，获得一个综合评判集，表明评价水体水质对各级标准水质的隶属程度(表 7-4)；取隶属程度大的水质类别作为水体的类别，反映了综合水质级别的模糊性(表 7-5)。

建立单因子评价矩阵：每个评价因子与每级评价标准之间的模糊关系可用模糊矩阵 R 表示。监测值为 x 的污染因子对各个水体级别的隶属度 r_{ij}，即可以被评为 i 类环境质量的可能；n 表示水体质量级别数，$i = 1, 2, 3, \cdots, n$；m 表示水体评价因子数，$j = 1, 2, 3, \cdots, m$。

$$R = (r_{ij}) = \begin{bmatrix} r_{11} & r_{12} & \cdots & r_{1m} \\ r_{21} & r_{22} & \cdots & r_{2m} \\ \vdots & \vdots & \cdots & \vdots \\ r_{a1} & r_{a2} & \cdots & r_{am} \end{bmatrix}$$

$$r_{ij} = \begin{cases} 1 & x < s(i) \\ \dfrac{s(i+1) - x}{s(i+1) - s(i)} & s(i) \leqslant x \leqslant s(i+1) \qquad (i = 1, 2, 3, \cdots, n) \\ 0 & x > s(i+1) \end{cases}$$

表 7-3　各评价因子与每级评价标准的关系

等级	高锰酸盐指数	BOD_5	NH_3-N	NO_2-N	NO_3-N	酚	总磷
Ⅰ	0	0	0	1	1	1	0
Ⅱ	0.30	0	0	0	0	0	0
Ⅲ	0.70	0.32	0.71	0	0	0	0.04
Ⅳ	0	0.68	0.29	0	0	0	0.96
Ⅴ	0	0	0	0	0	0	0

确定各评价因子的权重矩阵 $\boldsymbol{A} = \{a_1, a_2, \cdots, a_m\}$

$$a_1 = \frac{c_i / c_{oi}}{\sum_{i=1}^{n} c_i / c_{oi}}$$

表 7-4　各评价因子权重

评价因子	高锰酸盐指数	BOD_5	NH_3-N	NO_2-N	NO_3-N	酚	总磷
权重	0.109 1	0.162 4	0.227 8	0.025 8	0.002 3	0.002 4	0.470 2

建立水质评价模型，水环境质量模糊综合评价模型为

$$B = A \times R$$

模糊综合指数 $B_o = m_a \times \{b_i\}$，$i = 1, 2, 3, \cdots, n$。

表 7-5　水环境质量模糊综合评价结果

Ⅰ	Ⅱ	Ⅲ	Ⅳ	Ⅴ	B_o	评价结果
0.030 5	0.032 7	0.308 9	0.627 9	0.000 0	0.627 9	Ⅳ

模糊评价法的适用范围：水质模糊评价的出发点是体现不同评价因子对水质的综合影响，模糊评价法主要适用于各个评价因子超标情况接近的情况。

该方法的优点是能够得出评价因子被评为每一个质量级别的可能，反映了水体的模糊性，综合各个评价因子对水质进行评价。缺点是大都根据各污染因子的超标程度确定权重，不利于不同水样之间评价结果的比较，不能确定主要污染因子，经常出现评价结果分类不明显、分辨性差的缺点，评价过程较为复杂，可操作性差。

(三) 灰色评价法

水环境系统是一个多因素、多层次的复杂系统，水环境监测数据是在有限时空范围内获得的，它提供的信息是不完全、不具体的，且评价标准分级之间的界限也不是绝对的，因此可将水环境系统视为一个灰色系统，应用灰色理论进行评价具有合理性。灰色系统原

理应用于水质综合评价中的基本思路是：计算水体水质中各因子的实测浓度与各级水质标准的关联度，然后根据关联度大小确定水体水质的级别；对处于同类水质的不同水体可通过其与该类标准水体的关联度大小进行水质优劣的比较。灰色系统理论进行水质综合评价的方法主要有灰色关联度评价法、灰色聚类法、灰色贴近度分析法、灰色决策评价法等。

灰色关联度评价步骤如下。

(1)根据评价目的确定评价指标体系，收集评价数据。设 n 个数据序列形成如下矩阵：

$$(X_1', X_2', \cdots, X_n') = \begin{pmatrix} x_1'(1) & x_2'(1) & \cdots & x_n'(1) \\ x_1'(2) & x_2'(2) & \cdots & x_n'(2) \\ \vdots & \vdots & \vdots & \vdots \\ x_1'(m) & x_2'(m) & \cdots & x_n'(m) \end{pmatrix}$$

其中，m 为指标的个数，$X_i' = [x_i'(1), x_i'(2), L, x_i'(m)]^{\mathrm{T}}$，$i=1, 2, \cdots, n$

(2)确定参考数据列。参考数据列应该是一个理想的比较标准，可以以各指标的最优值（或最劣值)构成参考数据列，也可根据评价目的选择其他参照值。记作：

$$X_0' = [x_0'(1), x_0'(2), \cdots, x_0'(m)]$$

(3)对指标数据进行无量纲化。无量纲化后的数据序列形成如下矩阵：

$$(X_0, X_1, \cdots, X_n) = \begin{pmatrix} x_0(1) & x_1(1) & \cdots & x_n(1) \\ x_0(2) & x_1(2) & \cdots & x_n(2) \\ \vdots & \vdots & \vdots & \vdots \\ x_0(m) & x_1(m) & \cdots & x_n(m) \end{pmatrix}$$

(4)常用的无量纲化方法有均值化法、初值化法和$\frac{X-\overline{X}}{S}$变换等。

均值化法：

$$x_i(k) = \frac{x_i'(k)}{\frac{1}{m}\sum_{k=1}^{m} x_i'(k)}$$

初值化法：

$$x_i(k) = \frac{x_i'(k)}{x_i'(1)}, \quad i = 0, 1, 2, \cdots, n; \ k = 1, 2, \cdots, m$$

(5)逐个计算每个被评价对象指标序列(比较序列)与参考序列对应元素的绝对差值即

$$|x_0(k) - x_i(k)|, \ k = 1, 2, 3, \cdots, n$$

n 为被评价对象的个数。

(6)计算关联系数。分别计算每个比较序列与参考序列对应元素的关联系数，见下式：

$$\xi_{ij} = \frac{\min\limits_i \min\limits_j |x_0(k) - x_i(k)| + p \max\limits_i \max\limits_j |x_0(k) - x_i(k)|}{|x_0(k) - x_i(k)| + p \max\limits_i \max\limits_j |x_0(k) - x_i(k)|} \qquad k = 1, 2, 3, \cdots, m$$

式中：

p ——分辨系数，在(0，1)内取值，若 p 越小，关联系数间差异越大，区分能力越强，通常 p 取0.5。

(7)计算关联度。对各评价对象(比较序列)分别计算其各指标与参考序列对应元素的关联系数的均值，以反映各评价对象与参考序列的关联关系，并称其为关联度，记为

$$r_i = \frac{1}{n}\sum_{k=1}^{n}\xi_i(k)$$

二、岛陆河流水质评价

(一)断面水质评价

河流断面水质类别评价采用单因子评价法，即根据评价时段内该断面参评的指标中类别最高的一项来确定。描述断面的水质类别时，使用“符合”或“劣于”等词语。断面水质类别与水质定性评价分级的对应关系见表7-6。

表7-6　断面水质定性评价

水质类别	水质状况	表征颜色	水质功能类别
Ⅰ－Ⅱ类水质	优	蓝色	饮用水源地一级保护区，珍稀水生生物栖息地、鱼虾类产卵场、仔稚鱼索饵场等
Ⅲ类水质	良好	绿色	饮用水源地二级保护区、鱼虾类越冬场、鱼虾类洄游通道、水产养殖区、游泳区
Ⅳ类水质	轻度污染	黄色	一般工业用水和人体非接触性的娱乐用水
Ⅴ类水质	中度污染	橙色	农业用水及一般景观用水
劣Ⅴ类水质	重度污染	红色	除调节局部气候外，使用功能较差

(二)河流、流域(水系)水质评价

当河流、流域(水系)的断面总数少于5个时，计算河流、流域(水系)所有断面各评价指标浓度算术平均值，然后按照“(一)断面水质评价”方法评价，并按表7-6指出每个断面的水质类别和水质状况。

当河流、流域(水系)的断面总数在5个(含5个)以上时，采用断面水质类比法，即根据评价河流、流域(水系)中各水质类别的断面数占河流、流域(水系)所有评价断面总数的百分比来评价其水质状况。河流、流域(水系)的断面总数在5个(含5个)以上时不做平均水质类别的评价。河流、流域(水系)水质类别比例与水质定性评价分级对应关系见表7-7。

表 7-7 河流、流域(水系)水质定性评价分级

水质类别比例	水质状况	表征颜色
Ⅰ~Ⅱ类水质比例 ≥90%	优	蓝色
75%≤Ⅰ~Ⅲ类水质比例<90%	良好	绿色
Ⅰ~Ⅲ类水质比例<75%，且劣Ⅴ类比例<20%	轻度污染	黄色
Ⅰ~Ⅲ类水质比例<75%，且 20%≤劣Ⅴ类比例<40%	中度污染	橙色
Ⅰ~Ⅲ类水质比例<60%，且劣Ⅴ类比例≥40%	重度污染	红色

(三) 主要污染指标的确定

1. 断面主要污染指标的确定方法

评价时段内，断面水质为“优”或“良好”时，不评价主要污染指标。断面水质超过 Ⅲ 类标准时，先按照不同指标对应水质类别的优劣，选择水质类别最差的前三项指标作为主要污染指标。当不同指标对应的水质类别相同时计算超标倍数，将超标指标按其超标倍数大小排列，取超标倍数最大的前三项为主要污染指标。当氰化物或铅、铬等重金属超标时，优先作为主要污染指标。确定了主要污染指标的同时，应在指标后标注该指标浓度超过 Ⅲ 类水质标准的倍数，即超标倍数。对于水温、pH 值和溶解氧等项目不计算超标倍数。

$$超标倍数=\frac{某指标的浓度值-该指标的\ Ⅲ\ 类水质标准}{该指标的\ Ⅲ\ 类水质标准}$$

2. 河流、流域(水系)主要污染指标的确定方法

将水质超过Ⅲ类标准的指标按其断面超标率大小排列，一般取断面超标率最大的前三项为主要污染指标。对于断面数少于 5 个的河流、流域(水系)，按“1. 断面主要污染指标的确定方法”确定每个断面的主要污染指标。

$$断面超标率=\frac{某评价指标超过\ Ⅲ\ 类标准的断面(点位)\times 100\%}{断面(点位)总数}$$

三、岛陆湖泊、水库评价

(一) 水质评价

湖泊和水库水质评价基于有效的监测数据，为了获取精度较高的监测数据必须选取合适的监测点以及监测时间。

(1) 湖泊、水库单个点位的水质评价，按照“二、(一) 断面水质评价”方法进行。

(2)当一个湖泊、水库有多个监测点位时，计算湖泊、水库多个点位各评价指标浓度算术平均值，然后按照“二、(一)断面水质评价”方法评价。

(3)湖泊、水库多次监测结果的水质评价，先按时间序列计算湖泊、水库各个点位各个评价指标浓度的算术平均值，再按空间序列计算湖泊、水库所有点位各个评价指标浓度的算术平均值，然后按照“二、(一)断面水质评价”方法评价。

(4)对于大型湖泊、水库，亦可分不同的湖(库)区进行水质评价。

(5)河流型水库按照河流水质评价方法进行。

(二)营养状态评价

(1)评价方法。采用综合营养状态指数法[TLI(Σ)]。

(2)湖泊营养状态分级采用0~100的一系列连续数字对湖泊(水库)营养状态进行分级(表7-8)。

表7-8　湖泊营养状态分级

指数	等级
$TLI(\sum)<30$	贫营养
$30\leqslant TLI(\sum)\leqslant 50$	中营养
$TLI(\sum)>50$	富营养
$50<TLI(\sum)\leqslant 60$	轻度富营养
$60<TLI(\sum)\leqslant 70$	中度富营养
$TLI(\sum)>70$	重度富营养

(3)综合营养状态指数计算公式如下：

$$TLI\left(\sum\right)=\sum_{j=1}^{m}W_j TLI(j)$$

式中：

$TLI(\sum)$——综合营养状态指数；

W_j——第j种参数的营养状态指数的相关权重；

$TLI(j)$——代表第j种参数的营养状态指数。

以Chla作为基准参数，则第j种参数的归一化相关权重计算公式为

$$W_j=\frac{r_{ij}^2}{\sum_{j=1}^{m}r_{ij}^2}$$

式中：

r_{ij}——第j种参数与基准参数Chla的相关系数；

m——评价参数的个数。

中国湖泊(水库)的 Chla 与其他参数之间的相关关系 r_{ij}及 r_{ij}^2见表 7-9。

表 7-9　中国湖泊(水库)部分参数与 Chla 的相关关系 r_{ij}及 r_{ij}^2值

参数	Chla	TP	TN	SD	COD_{Mn}
r_{ij}	1	0. 84	0. 82	−0. 83	0. 83
$r_{ij}2$	1	0. 705 6	0. 672 4	0. 688 9	0. 688 9

(4)各项目营养状态指数计算，见下式：

$TLI(\text{chla}) = 10(2.5+1.086\ \ln\text{Chla})$

$TLI(\text{TP}) = 10(9.436+1.624\ \ln\text{TP})$

$TLI(\text{TN}) = 10(5.453+1.694\ \ln\text{TN})$

$TLI(\text{SD}) = 10(5.118-1.94\ \ln\text{SD})$

$TLI(\text{COD}_{Mn}) = 10(0.109+2.661\ \ln\text{COD}_{Mn})$

式中，Chla 单位为 mg/m^3，SD 单位为 m，其他指标单位均为 mg/L。

第四节　海岛生物资源多样性评价

海岛生物多样性问题日益凸显，不同空间尺度上开展的生物多样性评价研究也日渐增多。在全球尺度上，开展的评价项目有：全球生物多样性展望(Global Biodiversity Outlook)、千年生态系统评估(Millennium Ecosystem Assessment，MEA)、国际生物多样性计划、国际海洋生物普查计划(2000—2010 年)等。1992 年在巴西召开的《生物多样性公约》缔约方大会和联合国环境规划署均要求各国加强生物多样性监测体系的建设，制定生物多样性评价指标，开展生物多样性评估。我国对生物多样性评价指标的研究虽然起步较晚，但也取得了一定成果。如张峥等(1999)从物种多样性和生态系统多样性两个方面选取物种多度、物种相对丰度、物种稀有性、物种地区分布、生境类型、人类威胁 6 个指标来评价湿地生物多样性状况。万本太等(2007)选取物种丰富度、生态系统类型多样性、植被垂直层谱的完整性、物种特有性、外来物种入侵度 5 个指标，确立了生物多样性综合评价方法。但专门针对海岛生物多样性评价的案例研究很少。本节参考第二次全国海岛资源综合调查中海岛生物资源的评价方法、《全国植物物种资源调查技术规定》(试行)(2010)、《全国动物物种资源调查技术规定》(试行)(2010)及《海洋调查规范　第 9 部分：海洋生态调查指南》(GB/T 12763. 9—2007)，对岛陆植被资源、动物资源及其生境采用单因子评价；对潮间带及周边海域生物群落结构增加了主成分分析(PCA)、非度量多维标度(MDS)等多变量分析与评价。

一、岛陆生物多样性评价

岛陆生物多样性评价包括对岛陆动物资源与岛陆植物资源的评价。

(一)岛陆植被资源评价

1)出现频率计算

计算公式：

$$W_1 = n_1/n$$

式中：

W_1——某物种出现的频率；

n_1——目的物种分布的样方(带)数；

n——总样方(带)数。

2)分布面积计算

计算公式：

$$A_1 = AW_1$$

式中：

A——调查区域总面积，km^2；

A_1——某物种的分布面积，km^2。

3)资源量计算

计算公式：

$$N = A_1 \times \frac{\sum N_i}{\sum S_i}$$

式中：

N_i——某物种在第 i 个样方(带)内的分布量；

S_i——某物种在第 i 个样方(带)的面积，km^2；

N ——某物种资源总量。

(二)岛陆动物资源评价

1)样线法数据处理

样线法数据处理见下式：

$$M_i = \frac{N_i}{2 \times L \times \sum \frac{D_j}{N_i}}$$

式中：

M_i—— 动物 i 在调查区域内的密度；

N_i——动物 i 在整个观察样线中所有的记录数；

L——整个样线的长度，m；

D_j——动物 i 第 j 个个体距样线中线的垂直距离，m。

2) 动物资源量计算

以置信度为 ∂，进行密度误差限估计：

$$\Delta D = t_1 - \partial\sqrt{1/N(N-1)(\sum d_i^2 - ND^2)}$$

调查区域内资源量为

$$X = (D \pm \Delta D) \times S$$

式中：

d_i——第 i 条样线中种群密度；

D——平均密度；

N——样线总数；

S——栖息地总面积。

3) 样点法数据处理(鸟兽类)

鸟兽类的样点法数据处理见下式：

$$W = \sum N_i / \sum \pi R_i^2$$

式中：

W——种群密度；

N_i——第 i 个样点个体数；

R_i——第 i 个样点的观察半径。

4) 样带法数据处理

样带法数据处理见下式：

$$D = \sum N_i / \sum 2L_iW_i$$

式中：

D ——种群密度；

N_i——第 i 条样带上发现的个体数；

L_i——第 i 条样带的长度；

W_i——第 i 条样带的单侧宽度。

5) 样方法数据处理

(1) 种群密度计算见下式：

$$d_i = n/S$$

式中：

n——样方内记录的个体数；

S——样方面积。

(2)平均密度计算见下式：

$$D = \sum d_i / N$$

式中：

d_i——第 i 样方的密度，$i = 1, 2, \cdots, N$；

N——样方总数(鸟兽类)。

二、潮间带及周边海域生物群落结构评价

我国大部分海岛潮间带较为狭窄，与周边海域联系更为密切。在海岛生物实地调查中，往往将潮间带生物调查与周边海域生物调查同时开展。

(一)单元法分析

1. 生物量评价

1)评价对象

评价对象包括微生物、浮游植物群落、浮游动物群落、游泳动物群落、底栖生物群落及潮间带生物群落。

2)评价方法和结果表达

分析各类群的个体数量(微生物指菌落数量、浮游植物指细胞数量，底栖生物和潮间带生物指栖息密度)、生物量，绘制空间分布图，评价其变化趋势。

3)精密度

对于浮游植物、浮游动物和小型底栖生物计数的精密度，以标准误差或置信度(95% $C.L$)表示，95% 置信度的计算如下：

$$95\% \text{ 置信度界限} = \lg^{-1}\left[\bar{y} \pm t_{0.05}(n-1) \times \sqrt{\frac{s}{n}}\right]$$

式中：

$\bar{y}$——几何平均数；

s——方差。

2. 优势种评价

1)评价对象

评价对象包括浮游植物群落、浮游动物群落、游泳动物群落、底栖生物群落及潮间带

生物群落。

2) 评价方法

优势种的优势度有多种方法表示，本文主要介绍以下两种计算公式。

(1) 对于某一个站上的优势度可用百分比表示，计算如下式：

$$D = \frac{n_i}{N} \times 100\%$$

式中：

D ——第 i 种的百分比优势度；

n_i——第 i 种的数量；

N——该站群落中所有种的数量，数量单位可用个体数、密度、重量等表示，$N = \sum_{i=1}^{n} N$，n 为群落中物种数。

(2) 对于某一区域的优势度，计算公式如下：

$$Y = \frac{n_i}{N} \times f_i$$

式中：

n_i——第 i 种的数量；

f_i——该种在各站出现的频率；

N ——群落中所有种的数量。

3) 结果表达

分析群落优势种丰度及其优势度，绘制空间分布图，评价其变化趋势。

3. 指示种评价

1) 评价对象

评价对象包括浮游植物群落、浮游动物群落、游泳动物群落、底栖生物群落及潮间带生物群落。

2) 评价方法和结果表达

分析不同环境压力(如污染)下生物群落出现的指示性物种，计算其生物量，绘制空间分布图，评价环境和群落的变化趋势。

4. 关键种评价

1) 评价对象

海洋食物网，包括浮游食物网、高营养阶层食物网、底栖碎屑食物网等。

2) 评价方法和结果表达

分析食物网各营养阶层的关键物种，计算其生物量，绘制空间分布图，评价其变化趋势。

5. 物种多样性评价

1)评价对象

评价对象包括浮游植物群落、浮游动物群落、游泳动物群落及底栖生物群落、潮间带生物群落。

2)评价方法

采用物种多样性指数评价群落的多样性变化。物种多样性指数一般采用 Shannon-Weaver 情报指数计算，计算公式如下：

$$H' = -\sum_{j=1}^{n} \frac{N_j}{N\ln \frac{N_j}{N}}$$

式中：

H' —— 种类多样性指数；

n ——群落中的物种数；

N ——群落中所有种的数量或重量；

N_j——群落中第 j 种的数量或重量。

数量可以采用个体数、密度表示，重量可用湿重或干重表示。

3)结果表达

计算生物群落的物种多样性，制作空间分布图，评价其变化趋势。多样性指数等值线取值标准为 0.5，1.0，1.5，2.0，2.5，3.0，3.5，4.0，4.5，5.0，6.0，7.0，8.0。以上取值标准，可视具体情况酌情增减。

6. 群落均匀度评价

1)评价对象

评价对象包括浮游植物群落、浮游动物群落、底栖生物群落及潮间带生物群落。

2)评价方法

均匀度指数(J)一般采用 Pielou 均匀度指数，计算公式如下：

$$J' = \frac{H'}{H'_{\max}}$$

其中，

$$H'_{\max} = -\sum_{j=1}^{n} \frac{1}{n}\ln \frac{1}{N}$$

式中：

H'——群落实测的物种多样性指数；

$H'_{\max}$——群落的理论最大物种多样性指数，理论最大物种多样性指数定义为群落中所有物种的个体数量完全相同时的物种多样性指数；

N——群落中所有种的数量；

n——群落中的物种数。

3）结果表达

计算不同生物群落的均匀度，制作空间分布图，评价其变化趋势。均匀度指数等值线取值标准为0.2，0.4，0.6，0.8，1.0。以上取值标准，可视具体情况酌情增减。

7. 群落演变评价

1）评价对象

评价对象包括浮游植物群落、浮游动物群落、游泳动物群落、底栖生物群落及潮间带生物群落。

2）评价方法

群落演变评价采用演变速率指标，演变速率(E)的计算方法如下：

$$E = \frac{1S_{IMi}}{S_{IM0}}$$

式中：

S_{IMi}——第 i 群落相似性指数；

S_{IM0}——初始群落的相似性指数。

相似性指数计算公式如下：

$$S_{IM} = \frac{2N_{coi}}{S_o + S_i}$$

式中：

N_{coi}——初始群落和第 i 时刻群落共有种的个体数较小者之和，$N_{coi} = \sum_{i=1}^{n} \min(N_{co0}, N_{coi})$，$n$ 为初始群落和第 i 时刻群落共有的物种数；

S_0——初始群落的物种数；

S_i——第 i 群落的物种数。

演变速率(E)介于0~1之间。$E = 0$，两个群落结构完全相同，没有发生演变；$E = 1$，两个群落结构完全改变，没有共同种，发生完全演变；通常情况下，$0 < E < 1$，两个群落的结构发生部分改变。

3）结果表达

计算不同生物群落的演变速率，沿时间系列绘制演变图，评价其演变趋势。

（二）多变量分析

多变量分析包括一系列以等级相似性为基础的非参数技术方法：等级聚类

（CLUSTER）、标序（Ordination）、主成分分析（PCA）、非度量多维标度（MDS）、主坐标分析（PCoA）、ANOSIM 检验、SIMPER 分析、BIOENV/BVSTEP 分析和 RELATE 检验等。

1. 评价对象

主要适应于无运动能力或运动能力较弱的浮游植物群落、浮游动物群落和区域性较强的底栖生物群落和潮间带生物群落。

2. 多变量分析步骤

（1）建立原始生物资料矩阵和环境资料矩阵。

（2）样品间（非）相似性测定和（非）相似性矩阵的建立，第 j 个与第 k 个样品间的 Bray-Curtis 相似性 S_{jk} 由下式计算：

$$S_{jk} = 100 \times \left\{ 1 - \frac{\sum_{i=1}^{p} |y_{ij} - y_{ik}|}{\sum_{i=1}^{p} (y_{ij} + y_{ik})} \right\}$$

式中：

y_{ij}——原始矩阵第 i 行和第 j 列的输入值，即第 j 个样品中第 i 种的丰度（或生物量）（$i=1, 2, \cdots, P$；$j=1, 2, \cdots, n$），y_{ik} 由此类推。

（3）计算原始环境矩阵中每对样品间环境组成非相似性，产生一个三角形非相似性矩阵。第 j 个与第 k 个样品间的欧氏距离非相似性 d_{jk} 为

$$d_{jk} = \sqrt{\sum_{i=1}^{p} (y_{ij} - y_{ik})^2}$$

（4）通过样品的聚类和标序展示群落结构格局。

3. 等级聚类

等级聚类旨在找出样品的自然分组，使得组内样品彼此间较组间样品更为相似，其结果以树枝图的形式表示样品间彼此的相似性水平。它适应于对具体有不同群落结构的取样点的分组，但是当群落结构沿取样点呈稳定的梯度改变时，聚类分析不太适应，标序更能体现群落结构的连续变化，即连续统群落的概念。因此，聚类最好与标序结合使用，以便得到互为补充的信息，亦可印证彼此的准确性。

4. 非度量多维标度

非度量多维标度是 PRIMER 软件中用于处理生物矩阵的关键技术，其优点：原理上简单，容易被生态学家理解；使用上灵活，对所处理数据的形式和样品间的关系有较少的模型假定；在低维标序空间中对距离的保持性能良好。

目的是试图在一个低维标序空间中建立一个样品的构型图，使样品间欧氏距离的等级顺序与其相似性或非相似性的等级顺序保持一致。

5. 主成分分析

主成分分析法也称主分量分析或矩阵数据分析，是一种常用的多指标统计方法。通过变量变换的方法把相关的变量变为若干不相关的综合指标变量，从而实现对数据的降维，同时能够较客观地确定各成分的相应权重。

在海岛环境质量评价中，主成分分析法在确定环境质量等级时，其分级依据主要由以下两种方法得到：①将环境标准单独进行主成分分析，以环境标准的主成分综合得分作为评价样本等级的判定依据；②将全部或部分环境标准视为某年份的监测值加入评价样本中同时进行主成分分析，同样以标准的主成分得分作为分级依据。主成分分析法的计算步骤如下。

(1)采集 P 维随机变量 $X=(X_1, X_2, \cdots, X_p)^T$的 n 个样本 $X_i=(X_{i1}, X_{i2}, \cdots, X_{ip})^T$，$i=1, 2, \cdots, n, n>p$，构造样本阵，对样本阵元进行如下标准化变换：

$$Z_{ij}=\frac{x_{ij}-\overline{x_j}}{S_j} \qquad i=1, 2, \cdots, n; \ j=1, 2, \cdots, p$$

式中：

$$\overline{x_j}=\frac{\sum_{i=1}^{n} x_{ij}}{n}; \ S_j^2=\frac{\sum_{i=1}^{n}(x_{ij}-x_j)^2}{n-1}$$

得到标准化阵 $\boldsymbol{Z}$。

(2)对标准化阵 $\boldsymbol{Z}$ 求相关系数矩阵，计算如下式：

$$R=[r_{ij}]_p xp=\frac{\boldsymbol{Z}^T Z}{n-1}$$

其中，

$$r_{ij}=\frac{\sum z_{kj}\times z_{kj}}{n-1} \qquad ij=1, 2, \cdots, p_0$$

(3)解样本相关矩阵 $\boldsymbol{R}$ 的特征方程 $|R-\lambda I_P|=0$，得 p 个特征根，确定主成分；

按 $\sum_{j=1}^{m}\lambda_j \Big/ \sum_{j=1}^{p}\lambda_j$ 确定 m 值，使信息的利用率达 85% 以上，对每个 λ_j，$j=1, 2, \cdots, m$，解方程组 $Rb=\lambda_j b$ 得单位特征向量 b_j^a。

(4)将标准化后的指标变量转换为主成分：

$$U_{ij}=z_i^T b_j^o, \ j=1, 2, \cdots, m$$

此处，U_1为第一主成分；U_2为第一主成分；U_p为第 p 主成分。

(5)对 m 个主成分进行综合评价：对 m 个主成分进行加权求和，即得最终评价值，权数为每个主成分的方差贡献率。

6. 群落结构差异的统计检验

群落结构差异的统计检验可采用以下几种检验：方差分析(ANOVA)、样品相似性矩阵的 ANOSIM 检验、BIOENV/BVSTEP 分析、RELATE 检验。

多变量分析的内容视工作需要和单位条件确定是否进行或是否部分进行。群落结构分析的数据处理采用 UNESCO 推荐的 PRIMER 软件。绘制多变量分析有关图，等级聚类图、MDS 图、ABC 曲线、K-优势度曲线。

第八章　海岛生态系统综合评价

☞ [教学目标]

本章主要介绍典型海岛生态系统综合评价方法。通过学习本章内容，了解反映海岛生态系统状态的评价指标体系，掌握指标权重的计算方法，学会运用构建评价模型，计算海岛生态系统状态得分，并进行海岛生态系统状态优劣评价。

第一节　评价指标体系构建

单个指标无法反映海岛生态系统的总体特征，全面选取各项指标则难以搜集数据资料。典型海岛生态系统评价通过选取反映海岛生态系统状态的若干因子为评价指标，构建评价指标体系。本章主要借鉴《福建典型海岛生态系统评价》中的相关评价方法。根据科学性、系统性、针对性和可操作性原则，建立由 4 个一级指标、10 个二级指标和 20 个三级指标组成的指标体系，应用隶属度函数法对评价指标进行标准化处理，运用层次分析法、熵值法及综合法确定评价指标权重，构建海岛生态系统的评价模型。指标经过标准化处理，并赋予合理权重后，通过评价模型计算海岛生态系统状态得分，从而评价海岛生态系统状态优劣。

一、评价原则

(一) 科学性原则

海岛生态系统评价体系是一个集资源、环境以及自然影响因素等的综合体系。评价体系的科学性关系到评价的可信度及评价结果的准确、合理性。各项指标的选取既要反映海岛生态系统特征，又要符合相关性学科标准。指标体系设计要能够客观、科学、完整地反映海岛生态系统状况以及各项评价指标的相互联系。

（二）系统性原则

海岛生态系统是一个涉及多个要素的复杂结构系统，具有很强的系统完整性。评价体系不是简单的各项指标的堆积，而是一个相互切合、完整的评价体系。

（三）针对性原则

针对海岛的生物状态、非生物环境状态、景观格局和自然条件，力求所选指标具有代表性，避免选择意义相近、重复的指标，使指标体系简洁易用。

（四）可操作性原则

要全面科学地评价海岛生态系统，需有全面的、可靠的数据支持。因此，数据搜集是评价的一个重要环节，数据搜集的可行性关系到整个评价的可行性。所以，指标选取时应考虑各项指标数据搜集获取的可操作性。

二、指标体系构建

根据“908 专项”海岛调查技术规程所确定的调查范围及调查内容，以上述指标体系构建原则和思路为指导，构建海岛生态系统三级评价指标体系，将指标分为生物状态、非生物环境状态、景观格局和自然条件 4 大类。

生物状态和非生物环境状态指标属于表征因子范畴，自然条件和景观格局属于影响因子范畴。生物状态指标包括岛陆生物、潮间带生物和周边海域生物方面的指标；非生物环境状态则包括沉积物环境质量、海水环境质量和地质地貌指标；自然条件主要考虑气候条件和自然灾害；景观格局则考虑自然化和景观破碎化。根据以上指标分类，本书以福建省海岛生态系统的特征为基础，选取科学、可操作和可获取的 20 个三级指标构建海岛生态系统状态评价指标体系，见表 8-1。

表 8-1 海岛生态系统状态评价指标体系

一级指标	二级指标	三级指标	三级指标代码
生物状态	岛陆生物	植被覆盖率	*D*1
	潮间带生物	潮间带底栖生物多样性指数	*D*2
	周边海域生物	浮游植物生物多样性指数	*D*3
		浮游动物生物多样性指数	*D*4
		周边海域底栖生物多样性指数	*D*5

续表

一级指标	二级指标	三级指标	三级指标代码
非生物环境状态	沉积物环境质量	有机碳	*D*6
		硫化物	*D*7
		石油类	*D*8
	海水环境质量	化学需氧量	*D*9
		无机氮	*D*10
		活性磷酸盐	*D*11
		石油类	*D*12
	地质地貌	潮间带底质类型数	*D*13
		岛陆平均坡度	*D*14
景观格局	自然化	自然性指数	*D*15
	破碎化	斑块密度指数	*D*16
自然条件	气候条件	年均降水量	*D*17
		年均风速	*D*18
	自然灾害	赤潮发生次数	*D*19
		台风灾害次数	*D*20

第二节　数据标准化和评价标准

对生态指标优劣的评价是人类对客观事物的主观判断，因此各个生态指标评价与指标实际监测值之间存在模糊隶属关系。结合模糊数学中隶属度的定义，将生态系统指标利用隶属度函数进行标准化，不同的隶属度代表不同的评价等级。

将各评价指标的隶属度或评价结果分为 5 个生态等级(表 8-2)：优(0.8~1)、良(0.6~0.8)、一般(0.4~0.6)、差(0.2~0.4)、很差(0~0.2)。不同的评价指标通过建立不同的评价标准和准则，根据具体标准的生态学特征选择合适的隶属函数，计算对应的 5 个评价等级隶属度。

表 8-2　生态评价描述与对应的隶属度范围

评价描述	很差	差	一般	良	优
隶属度	0~0.2	0.2~0.4	0.4~0.6	0.6~0.8	0.8~1

一、隶属度函数

各个生态指标评价值(即生态指标隶属度)与指标实际监测值之间隶属函数的选取对评

价生态指标是非常关键的。指标监测值与评价值之间基本的相关关系可以划分为3种类型：递增型、中间型和递减型。递增型的隶属度伴随着指标值的增加而增加，递减型的隶属度伴随着指标值的增加而减小，中间型的隶属度在某个指标监测值最高，小于或大于这个监测值时分别呈现出递增型和递减型变化。由于采用的指标众多，本书对3种曲线变化的具体形式不作深入分析，仅采用简单的直线函数代表，如图8-1所示（吝涛，2007）。

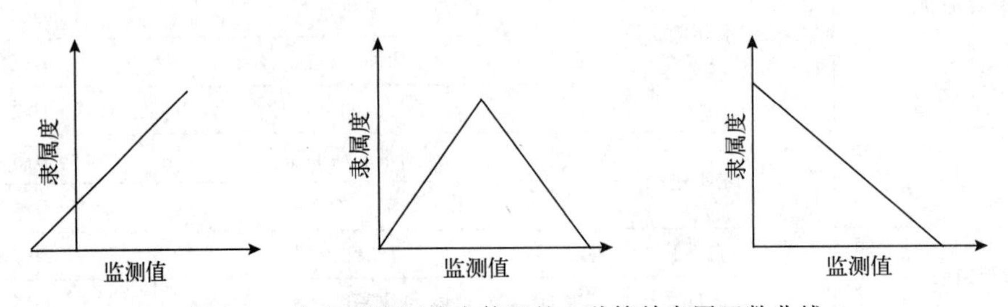

图8-1　生态系统评价中使用的3种简单隶属函数曲线

（a）递增型隶属函数曲线；（b）中间型隶属函数曲线；（c）递减型隶属函数曲线

在使用模型中须事先确定各个模型的参数，以此选取拟合模型的2个或3个确定点。对递增函数和递减函数需要2个确定点：X_1、X_2及对应的隶属度L_1、L_2。对中间函数需要3个确定点：中间转折点X_m（隶属度最高，等于1.0）以及递增和递减曲线上各个点X_1、X_2及其对应的隶属度L_1、L_2。对点X_1、X_2和X_m对应的隶属度，可以参照指标监测值与评价值之间的相关关系，结合相关国家标准、技术规范或专家意见先确定。

需要注意的是，确定点一般取靠近目标监测值上下附近的点，这样可以有效地将所求指标的隶属度控制在模型拟合较好的范围内。例如，由图8-2可知，点A、B确定的拟合曲线要明显比点A、C确定的拟合曲线所求出的D点隶属度要接近实际曲线的隶属度。

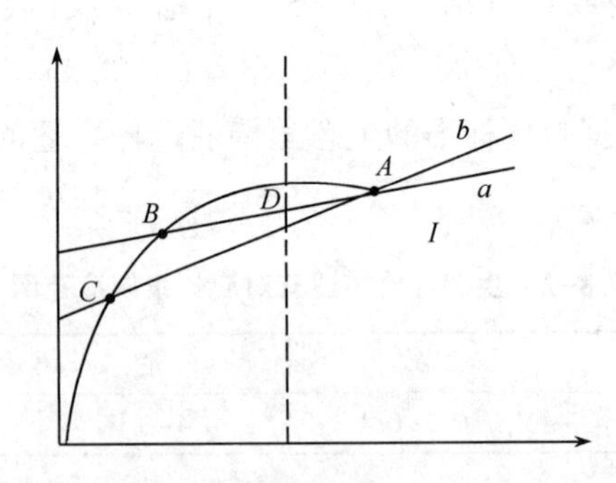

图8-2　确定点的选择对隶属度评估准确性的影响

曲线I为真实隶属度变化曲线；曲线a和曲线b为拟合曲线，其中A、B和C为事先选定的3个确定点

二、隶属度函数方程

递增型函数的表达方程：

$$L = L_1 + \frac{X - X_1}{X_2 - X_1} \times (L_2 - L_1)$$

式中：

L——该生态指标的隶属度；

X——该生态指标的监测值；

L_1——点 L_1 对应的隶属度；

L_2——点 L_2 对应的隶属度；

X_1——点 L_1 对应的生态指标值；

X_2——点 L_2 对应的生态指标值；

$X_1 < X_2$；$L_1 < L_2$。

递减型函数的表达方程：

$$L = L_2 + \frac{X - X_2}{X_1 - X_2} \times (L_1 - L_2)$$

式中：

L——该生态指标的隶属度；

X——该生态指标的监测值；

L_1——点 L_1 对应的隶属度；

L_2——点 L_2 对应的隶属度；

X_1——点 L_1 对应的生态指标值；

X_2——点 L_2 对应的生态指标值；

$X_1 < X_2$；$L_1 > L_2$。

中间型函数的表达方程：

$$\begin{cases} L = L_1 + \dfrac{X - X_1}{X_m - X_2} \times (L_m - L_1) & (X < X_m) \\ L = 1 & (X = X_m) \\ L = L_2 + \dfrac{X - X_2}{X_m - X_2} \times (L_m - L_1) & (X > X_m) \end{cases}$$

式中：

L ——该生态指标的隶属度；

X ——该生态指标的监测值；

L_m——点 m 对应的隶属度；

L_1——点 L_1 对应的隶属度；

L_2——点 L_2 对应的隶属度；

X_m——点 M 对应的生态指标值；

X_1——点 L_1 对应的生态指标值；

X_2——点 L_2 对应的生态指标值；

$X_1 < X_m < X_2$；$L_m > L_2$，L_1。

三、环境质量指标隶属度

环境质量指标为递减型隶属度函数，对《海水水质标准》(GB 3097—1997)、《海洋沉积物质量》(GB 18668—2002)不同等级的上下限值(作为确定点)确定隶属度，并与评价描述标准建立标准关系。对仅有上限值的等级，以上限值的 1/2 作为最高隶属度(1)对应的确定点，监测值超出此范围的其隶属度均规定为 1；对仅有下限值的等级，以下限值的 2 倍值作为最低隶属度(0)对应的确定点，监测值超出此范围的其隶属度均规定为 0，详见表 8-3。

表 8-3　环境质量指标评价标准及其确定点隶属度

指标		单位	$X_1 \sim X_2$				
沉积物环境质量	有机碳	$\times 10^{-2}$	4~8	3.5~4	3~3.5	2~3	1~2
	硫化物	$\times 10^{-6}$	600~1 200	550~600	500~550	300~500	150~300
	石油类	$\times 10^{-6}$	1 500~3 000	1 250~1 500	1 000~1 250	500~1 000	250~500
海水水质环境质量	COD	mg/L	5~10	4~5	3~4	2~3	1~2
	无机氮	mg/L	0.5~1	0.4~0.5	0.3~0.4	0.2~0.3	0.1~0.2
	活性磷酸盐	mg/L	0.045~0.09	0.03~0.045	0.022 5~0.03	0.015~0.022 5	0.007 5~0.015
	石油类	mg/L	0.5~1	0.3~0.5	0.175~0.3	0.05~0.175	0.025~0.05
评价描述			隶属度 $L_1 \sim L_2$				
			0.2~0	0.4~0.2	0.6~0.4	0.8~0.6	1~0.8
			很差	差	一般	良	优

四、生物多样性指标隶属度

生物多样性指数统一采用 Shannon-Weaver 多样性指数，其计算公式为

$$H' = -\sum_{i=1}^{s} P_i \log 2P_i$$

式中：

H'——生物多样性指数；

P_i——第 i 种的个数与该样方总个数之比值；

S——样方总数。

生物多样性指标为递增型隶属函数。生物多样性指数 $H'<1$ 时表示水体重污染；$H'=1\sim3$ 时表示水体中度污染，其中当 $1\leqslant H'<2$ 时表示 α 中度污染(重中污染)，$2\leqslant H'<3$ 时表示 β 中度污染(轻中污染)；$H'\geqslant3$ 时表示水体轻度污染至无污染(孔繁翔，2003)。本章根据上述划分依据对生物多样性指标进行分级打分，其中将 $H'\geqslant3$ 的范围分为 $3\leqslant H'<3.5$ 和 $3.5\leqslant H'\leqslant4$ 两部分，分别代表轻度污染和无污染。监测值超出下限值和上限值，其隶属度分别规定为0和1，详见表8-4。

表 8-4　生物多样性指标评价标准及其确定点隶属度

指标	单位	$X_1\sim X_2$				
潮间带底栖物多样性	无量纲	0.5~1	1~2	2~3	3~4	3.5~4
浮游植物生物多样性	无量纲	0.5~1	1~2	2~3	3~4	3.5~4
浮游动物生物多样性	无量纲	0.5~1	1~2	2~3	3~4	3.5~4
周边海域底栖生物多样性	无量纲	0.5~1	1~2	2~3	3~4	3.5~4
评价描述		隶属度 $L_1\sim L_2$				
		0~0.2	0.2~0.4	0.4~0.6	0.6~0.8	0.8~1
		很差	差	一般	良	优

五、其他指标

其他指标评价标准及其确定隶属度详见表8-5和表8-6。

表 8-5　其他指标评价标准及其确定点隶属度

指标	$X_1\sim X_2$				
植被覆盖率(%)	0~20	20~40	40~60	60~80	80~100
自然性指标(%)	0~20	20~40	40~60	60~80	80~100
评价描述	隶属度 $L_1\sim L_2$				
	0~0.2	0.2~0.4	0.4~0.6	0.6~0.8	0.8~1
	很差	差	一般	良	优

表 8-6 其他指标评价标准及其确定点隶属度

指标	潮间带地质类型	年均降水量	年均风速	赤潮发生次数	台风次数	斑块密度指数	岛陆坡度
单位	种	mm	m/s	次	次	个/km^2	(°)
$X_1 \sim X_2$	1~5	1 101.0~1 329.1	7.7~3.2	2~0	9~0	98.7~6.8	23.5~3.7
$L_1 \sim L_2$	0.2~1	0.4~0.8	0.4~0.8	0.6~1	0.4~1	0.2~0.8	0.4~0.9

(一) 植被覆盖率

植被覆盖率采用递增型隶属度函数：将植被覆盖率研究域0~100% 进行5等分，分别对应评价的5个等级，植被覆盖率100% 的隶属度为1，植被覆盖率0的隶属度为0。

(二) 潮间带底质类型数

潮间带底质类型采用递增型隶属度函数：根据“908专项”福建海岛调查，海岛潮间带底质类型分为5种，海岛具有5种底质类型为最优，隶属度为1；海岛只有1种底质类型为差，隶属度为0.2。

(三) 岛陆平均坡度

岛陆平均坡度采用递减型隶属度函数：典型海岛中坡度最小的小嶝岛(3.7°)赋予隶属度0.9，坡度最大的岗屿(23.5°)赋予隶属度0.4。

(四) 自然性指数

自然性指数是指海岛自然景观的面积之和占海岛面积的比例，计算公式为

$$N = \frac{\sum A_n}{A}$$

式中：

N——海岛景观的自然性；

A_n——自然景观面积之和；

A ——海岛面积。

隶属度采用递增型隶属度函数。将自然性指数研究域0~100% 进行5等分，分别对应评价的5个层级。

(五) 斑块密度指数

斑块密度指数为景观区内斑块个数与面积的比值，是景观破碎化常用的评价指标之一。斑块密度越大表明破碎化程度越高，其计算公式为

$$PD = \frac{\sum N}{A}$$

式中：

PD ——斑块密度指数；

N——斑块数；

A——景观总面积。

景观破碎化是指由自然或人为因素导致景观由简单趋向于复杂的过程，即景观由单一、均质和连续的整体趋向于复杂和不连续的斑块镶嵌体的过程。景观破碎化引起斑块数目、形状和内部生态环境的变化，引发外来物种入侵、改变生态系统结构、影响物质循环、降低生物多样性等问题，被认为是许多物种濒临灭绝、生物多样性下降的主要原因之一，反映了人类活动对景观影响的强弱程度。因此，采用斑块密度指数来表示景观破碎化程度可以选递减型隶属度函数来计算其生态系统优劣隶属度。典型海岛中斑块密度指数最小的西屿(6.93 个/km^2)赋予隶属度 0.8，斑块密度指数最大的岗屿(98.40 个/km^2)赋予隶属度 0.2 。

(六)年均降水量

从理论上而言，过多和过少的降水量都不利于海岛生态系统，属于中间型隶属度函数范畴。但是，福建海岛地区年平均降水量仅 1 000~1 200 mm，比同纬度海岸地区少 300~400 mm，比福建内陆少 800~1 000 mm，是福建的少雨区，海岛水资源十分匮乏。因此，可以认为在海岛地区基本不存在年均降水量过大而不利于海岛生态系统的问题，年均降水量的增加有利于海岛生态系统。基于此实际情况，年均降水量指标可以选取中间型隶属度函数的递增段：设福建各区市所辖海岛最高年均降水量 1 329.1 mm(莆田市海岛年均降水量，1971—2000 年)，其生态系统优劣隶属度为 0.8；最低年均降水量 1 101.0 mm(泉州市海岛年均降水量，1971—2000 年)，其生态系统优劣隶属度为 0.4。

(七)年均风速

理论上，过大和过小的风速都不利于海岛生态系统，属于中间型隶属度函数范畴。但是，福建海岛受东北信风和东北季风叠加，受台湾海峡“颈束”地形的影响，风向稳定，风力强劲；过大的风力造成海岛泥沙流失，加上风力对植被的物理破坏，不利于植被生长，因此福建海岛迎风面往往植被稀疏，且植被类型以草丛为主，少见乔木林。基于此实际情况，本书年均风速这一指标可以选择中间型隶属度函数的递减段：福建省各设区市所辖海岛最小风速年均 3.2 m/s(厦门市海岛年均风速，1971—2000 年)，隶属度为 0.8；最大风速年均 7.7 m/s(宁德市海岛年均风速，1967—2001 年)，隶属度为 0.4。

(八)赤潮发生次数

赤潮发生次数采用递减型隶属度函数。通过对比2005—2009年赤潮发生次数，结合参考文献和专家意见，以没有赤潮发生为最优，赋予隶属度1；各典型海岛发生赤潮最多次数以2次为一般，赋予隶属度0.6。

(九)台风灾害次数

台风灾害次数采用递减型隶属度函数：以台风10级风圈为统计范围，即海岛在台风10级风圈范围内统计为1次，通过对比2005—2009年各海岛台风灾害次数，结合专家意见，以没有台风灾害发生为最优，赋予隶属度1；以典型海岛发生台风灾害次数9次为差，赋予隶属度0.4。

第三节　指标权重的确定

各评价指标的权重是科学表达评价结果的关键。不同评价指标对目标层的贡献大小不一，这种评价指标对被评价对象影响程度的大小，称为评价指标的权重，它反映各评价指标属性值的差异程度和可靠程度。目前，确定权重的方法主要有主观赋值法、客观赋值法及两者结合的综合赋值法3类。为了使指标权重更具客观性和准确性，本书对3种赋权方法得到的评价结果进行互相验证，以保证评价方法的可靠性。主观赋值法选取层次分析法进行权重赋值，在专家打分法的基础上，根据层次分析法1~9标度对各指标间的重要性进行量化；客观赋值法应用改进的熵值法进行量化估算；综合法则以客观赋权法求得的修正系数对主观赋权法的权重结果进行修正。

一、主观赋值法

(一)建立层次结构模型

利用层次分析法(AHP)进行系统分析，首先要将所包含的因素分组，每一组作为一个层次，按照最高层、中间层和最底层的形式排列起来，如图8-3所示。其中，最高层表示解决问题的目的，即海岛生态系统状态；中间层表示采用某些要素来实现目标所需的中间环节；最底层则是操作指标，即海岛生态系统监测指标。

(二)构造判断矩阵并求最大特征根和特征向量

建立判断矩阵是自上而下计算某一层次各因素对上一层某个因素的相对权重，分别构造出$A \sim B$、$B \sim C$、$C \sim D$判断矩阵。判断矩阵的数值根据数据资料、专家意见确定，标度

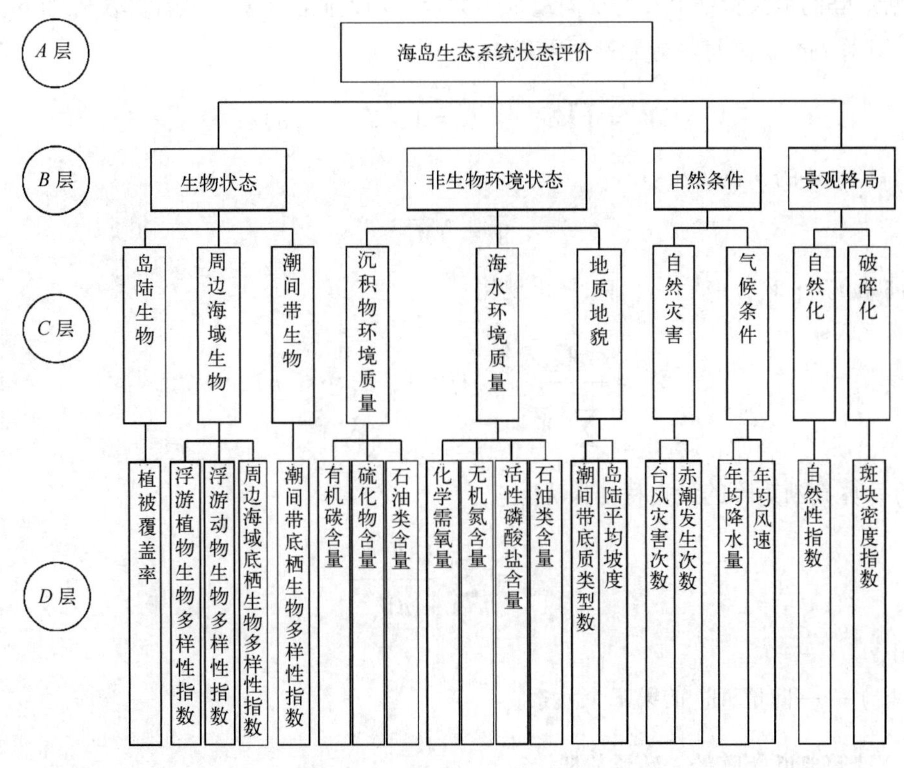

图 8-3　AHP 层次结构模型图

为 1~9，对重要判断结果进行量化，见表 8-7。

表 8-7　判断矩阵标度及其含义

重要性等级	C_{ij} * 赋值
i，j 两元素同等重要	1
i 元素比 j 元素稍重要	3
i 元素比 j 元素明显重要	5
i 元素比 j 元素强烈重要	7
i 元素比 j 元素极端重要	9
i 元素比 j 元素稍不重要	1/3
i 元素比 j 元素明显不重要	1/5
i 元素比 j 元素强烈不重要	1/7
i 元素比 j 元素极端不重要	1/9

注：C_{ij} = {2，4，6，8，1/2，1/4，1/6，1/8} 表示重要性 C_{ij} = {1，3，5，7，9，1/3，1/5，1/7，1/9}，这些数字是根据人们进行定性分析的直觉和判断力而定的。

判断矩阵的最大特征值和特征向量采用集合平均近似法计算，其计算步骤如下。

(1)计算判断矩阵每一行元素的乘积 M_i：

$$M_i = \prod_{j=1}^{n} a_{ij} \qquad (i = 1, 2, \cdots, n)$$

(2)计算 M_i的 n 次方根：

$$\overline{W} = \sqrt[n]{M_i}$$

对向量 $\overline{W}=[\overline{W_1}, \overline{W_2}, \cdots, \overline{W_n}]^{T}$正规化：

$$W_i = \frac{\overline{W_i}}{\sum_{j=1}^{n} \overline{W_j}} \qquad (j = 1, 2, \cdots, n)$$

(3)计算判断矩阵的最大特征根 λ_{max}：

$$\lambda_{max} = \sum_{i=1}^{n} \frac{(AW')_i}{nW_i'}$$

式中：

$(AW')_i$——向量 AW'的第 i 个元素。

(三)计算判断矩阵的一致性检验

为检验矩阵的一致性，定义 $CI=\frac{\lambda_{max}-n}{n-1}$，当完全一致时 $CI=0$。CI 越大，矩阵的一致性越差。对 1~9 阶矩阵，平均随机一致性指标 RI 见表 8-8。

表 8-8　平均随机一致性指标 *RI*

阶数	1	2	3	4	5	6	7	8	9
RI	0	0	0. 58	0. 9	1. 12	1. 24	1. 32	1. 41	1. 45

当阶数≤2 时，矩阵总有完全一致性；当阶数>2 时，$CR=\frac{CI}{RI}$称为矩阵的随机一致性比例。当 CR <0. 10 或在 0. 10 左右时，矩阵具有满意的一致性，否则需要重新调整矩阵。

(四)层次总排序

计算 C 层和 D 层对 A 层的相对重要性排序权值，实际上是层次排序权值的加权组合，具体计算方法见表 8-9(以 C 层对 A 层的总排序权值为例)。

表 8-9　层次总排序

层次 B		B_1, B_2, …, B_n b_1, b_2, …, b_n	C 层对 A 层的总排序权值
层次 C	C_1	C_{11}, C_{12}, …, C_{1n}	$\sum_{i=1}^{n} b_i C_{1i}$
	C_2	C_{21}, C_{22}, …, C_{2n}	$\sum_{i=1}^{n} b_i C_{2i}$
	⋮	⋮	⋮
	C_m	C_{m1}, C_{m2}, …, C_{mn}	$\sum_{i=1}^{n} b_i C_{mi}$

表 8-9 中，B_1，B_2，…，B_n和 C_1，C_2，…，C_m表示 B 层和 C 层的指标；b_1，b_2，…，b_n是 B 层对 A 层的排序权值；C_{11}，C_{12}，…，C_{1n}是 C 层对 B 层的单排序权值。层次总排序仍需要一致性检验，根据公式计算 C 层和 D 层对于 A 层的权值。

(五)评价指标主观权重确定

根据上述层次分析法，检验各层次之间矩阵的一致性，最终计算各指标的权重，计算结果见表 8-10 至表 8-20。

1. A~B 层判断矩阵

表 8-10　海岛生态系统状态各因子判断矩阵

监测因子	生物状态	非生物环境状态	景观格局	自然条件	W_i
生物状态	1.000 0	1.000 0	4.000 0	3.000 0	0.394 5
非生物环境状态	1.000 0	1.000 0	3.000 0	3.000 0	0.367 1
景观格局	0.250 0	0.333 3	1.000 0	2.000 0	0.135 4
自然条件	0.333 3	0.333 3	0.500 0	1.000 0	0.102 9

注：判断矩阵一致性比例为 0.036 1；对总目标的权值为 1.000 0。

2. B~C 层判断矩阵

C 层部分指标如岛陆生物、潮间带生物、自然化和破碎化等，在 D 层指标中仅有唯一指标与其对应，因此这些指标建立的 B~C 层判断矩阵实为 B~D 层判断矩阵。

表 8-11　生物状态各因子判断矩阵

监测因子	周边海域生物	潮间带生物(多样性)	岛陆生物(植被覆盖率)	W_i
周边海域生物	1.000 0	1.000 0	0.500 0	0.250 0
潮间带生物(多样性)	1.000 0	1.000 0	0.500 0	0.250 0
岛陆生物(植被覆盖率)	2.000 0	2.000 0	1.000 0	0.500 0

注：判断矩阵一致性比例为 0.000 0；对总目标的权值为 0.394 5。

表 8-12　非生物环境状态各因子判断矩阵

监测因子	沉积物环境质量	海水环境质量	地质地貌	W_i
沉积物环境质量	1.000 0	0.500 0	1.000 0	0.250 0
海水环境质量	2.000 0	1.000 0	2.000 0	0.500 0
地质地貌	1.000 0	0.500 0	1.000 0	0.250 0

注：判断矩阵一致性比例为 0.000 0；对总目标的权值为 0.367 1。

表 8-13　景观格局各因子判断矩阵

监测因子	自然化(自然性指数)	破碎化(斑块密度指数)	W_i
自然化(自然性指数)	1.000 0	2.000 0	0.666 7
破碎化(斑块密度指数)	0.500 0	1.000 0	0.333 3

注：判断矩阵一致性比例为 0.000 0；对总目标的权值为 0.135 4。

表 8-14　自然条件各因子判断矩阵

监测因子	自然灾害	气候条件	W_i
自然灾害	1.000 0	0.500 0	0.333 3
气候条件	2.000 0	1.000 0	0.666 7

注：判断矩阵一致性比例为 0.000 0；对总目标的权值为 0.102 9。

3. *C*~*D* 层判断矩阵

表 8-15　周边海域生物各因子判断矩阵

监测因子	浮游植物生物多样性	浮游动物生物多样性	周边海域底栖生物多样性	W_i
浮游植物生物多样性	1.000 0	1.000 0	1.000 0	0.333 3
浮游动物生物多样性	1.000 0	1.000 0	1.000 0	0.333 3
周边海域底栖生物多样性	1.000 0	1.000 0	1.000 0	0.333 3

注：判断矩阵一致性比例为 0.000 0；对总目标的权值为 0.098 6。

表 8-16 沉积物环境质量各因子判断矩阵

监测因子	有机碳含量	硫化物含量	石油类含量	W_i
有机碳含量	1.000 0	2.000 0	2.000 0	0.500 0
硫化物含量	0.500 0	1.000 0	1.000 0	0.250 0
石油类含量	0.500 0	1.000 0	1.000 0	0.250 0

注：判断矩阵一致性比例为 0.000 0；对总目标的权值为 0.091 8。

表 8-17 海水环境质量各因子判断矩阵

监测因子	化学需氧量	无机氮含量	活性磷酸盐含量	石油类含量	W_i
化学需氧量	1.000 0	0.500 0	0.500 0	1.000 0	0.166 7
无机氮含量	2.000 0	1.000 0	1.000 0	2.000 0	0.333 3
活性磷酸盐含量	2.000 0	1.000 0	1.000 0	2.000 0	0.333 3
石油类含量	1.000 0	0.500 0	0.500 0	1.000 0	0.166 7

注：判断矩阵一致性比例为 0.000 0；对总目标的权值为 0.183 6。

表 8-18 地质地貌各因子判断矩阵

监测因子	岛陆平均坡度	潮间带底质类型	W_i
岛陆平均坡度	1.000 0	0.300 0	0.250 0
潮间带底质类型	3.000 0	1.000 0	0.750 0

注：判断矩阵一致性比例为 0.000 0；对总目标的权值为 0.091 8。

表 8-19 气候条件各因子判断矩阵

监测因子	年均降水量	年均风速	W_i
年均降水量	1.000 0	1.000 0	0.500 0
年均风速	1.000 0	1.000 0	0.500 0

注：判断矩阵一致性比例为 0.000 0；对总目标的权值为 0.034 3。

表 8-20 自然灾害各因子判断矩阵

监测因子	赤潮发生次数	台风灾害次数	W_i
赤潮发生次数	1.000 0	3.000 0	0.750 0
台风灾害次数	0.333 3	1.000 0	0.250 0

注：判断矩阵一致性比例为 0.000 0；对总目标的权值为 0.068 6。

4. *D* 层指标总排序权重

根据上述方法计算，*D* 层各指标对目标层 *A* 层的总排序权重见表 8-21。

表 8-21　*D* 层各指标对目标层 *A* 层权重一览表

指标代码	指标	层次分析法	熵值法	综合法
*D*1	植被覆盖率	0. 197 3	0. 051 8	0. 190 7
*D*2	潮间带底栖生物多样性指数	0. 098 6	0. 047 0	0. 096 2
*D*3	浮游植物生物多样性指标数	0. 032 9	0. 047 7	0. 033 6
*D*4	浮游动物生物多样性指数	0. 032 9	0. 046 0	0. 033 5
*D*5	周边海域底栖生物多样性指数	0. 032 9	0. 047 6	0. 033 6
*D*6	沉积物有机碳	0. 045 9	0. 056 6	0. 046 4
*D*7	沉积物硫化物	0. 022 9	0. 056 5	0. 024 4
*D*8	沉积物石油类	0. 022 9	0. 056 5	0. 024 4
*D*9	海水中化学需氧量	0. 030 6	0. 051 1	0. 031 5
*D*10	海水中无机氮	0. 061 2	0. 047 6	0. 060 6
*D*11	海水中活性磷酸盐	0. 061 2	0. 049 8	0. 060 7
*D*12	海水中石油类	0. 030 6	0. 056 6	0. 031 8
*D*13	潮间带底质类型数	0. 068 8	0. 046 7	0. 067 8
*D*14	岛陆平均坡度	0. 022 9	0. 047 0	0. 024 0
*D*15	自然性指数	0. 090 3	0. 050 0	0. 088 5
*D*16	斑块密度指数	0. 045 1	0. 054 2	0. 045 5
*D*17	年均降水量	0. 017 2	0. 047 5	0. 018 6
*D*18	年均风速	0. 017 2	0. 046 1	0. 018 5
*D*19	赤潮发生次数	0. 051 5	0. 049 7	0. 051 4
*D*20	台风灾害次数	0. 017 2	0. 044 2	0. 018 4

二、客观赋值法

指标体系的客观权重赋值法主要依靠指标的基础数据，通过模型分析计算各指标的重要性。常见的有主成分分析法、因子分析法、熵值法等。主成分分析法和因子分析法均是对原变量进行了简化，减少评价指标维数，使少数几个综合因子能尽可能地反映原来变量的信息量，但其计算过程比较复杂；熵值法虽然不能减少评价指标维数，但计算过程相对简单，与另外两种方法相比，标准化法处理后的熵值法评价结果更为合理(郭显光，1998)。熵值法普遍应用于经济领域，近年来也逐渐运用于水资源(高波，2007)、水安全(张先起等，2006)、水环境质量(金菊良等，2007)、港口资源(朱庆林等，2005)综合评价等相关领域，均得到了合理的评价结果。本部分采用改进后的熵值法进行客观赋权。

(一)熵值法的基本原理

在信息论中，信息熵是一种系统无序程度的度量，它还可以度量数据所提供有效信息量。假设在海岛生态系统状态评价中有 X 项评价指标、m 个评价对象，而形成原始数据矩阵：$X=(X_{ij})_{m\times n}$，若指标值 X_{ij}差异越大，则说明该项指标在评价指标体系中所起的作用也越大；如果某一项指标值全部相等，则该指标在评价指标体系中不起作用。在信息理论中，常用函数 $H(X)=-\sum P(X_j)\ln P(X_j)$ 来度量系统无序程度，$H(X)$为信息熵，系统的无序程度和有序程度的度量两者绝对值相等。如果某一项指标值变异性越大，该系统信息无序程度就越高，信息熵就越小，该指标提供的信息量越大，该项指标权重也相应越大；反之越小(郭显光，1998)。

(二)熵值法的计算步骤

假如待评价的指标值出现负值时，不能直接计算比重，也不能对其取对数，而为保证数据的完整性，需对指标数据进行变换，即对熵值法进行一些必要的改进。功效系数法和标准化法是对熵值进行改进的两种方法，相比之下，标准化法变换不需要加入任何主观信息，并有利于缩小极端值对综合评价的影响(郭显光，1998)。因此，本部分采用标准化法改进后的熵值法进行海岛生态系统状态评价指标权重赋值，具体步骤如下。

数据矩阵：$X=(X_{ij})_{m\times n}$，其中，$i=m$ 个评价对象；$j=n$ 项评价指标。

(1)指标标准化变换：

$$S_{ij}=\frac{X_{ij}-\overline{X_j}}{\sigma_j}$$

式中：

$\overline{X_j}$——第 j 项指标的平均值；

σ_j——第 j 项指标的标准差，

$$\sigma_j=\sqrt{\frac{\sum_{i=1}^{m}(X_{ij}-\overline{X_j})^2}{m-1}}$$

消除负值：应用坐标平移，将指标 S_{ij}经过坐标平移后成为 S'_{ij}，即 $S'_{ij}=S_{ij}+Z$。其中，Z 为坐标平移的弧度，根据实际数据取值，一般介于 1~5。

(2)计算指标比重：

$$P_{ij}=\frac{S'_{ij}}{\sum_{i=1}^{m}S'_{ij}}$$

(3)计算第 j 项指标的改进熵值：

$$e_j = -K\sum_{i=1}^{m} S_{ij}'$$

式中，$K>0$，$e\geqslant 0$，如果给定的某一指标值都相等，则 $P_{ij}=\frac{1}{m}$，此时 e_j 取最大值，即 $e_j=K\ln m$。若假设 $K=\frac{1}{\ln m}$，则 $(e_j)_{\max}=1$，因此有 $0\leqslant e_j\leqslant 1$。

(4)计算指标值的差异性系数 g_j：当各区域的指标值差异性越小，e_j 就越趋近于1；当各区域的指标值都相等时，$e_j=1$，定义差异系数 $g_j=1-e_j$。

(5)指标值确定：

第 j 项指标权重值

$$a_j = \frac{g_j}{\sum_{j=1}^{n} g_j}。$$

在具有多层指标的指标体系中，根据熵值的可加性，可以直接应用下一层的指标效用值 g_j，按比例确定对应上层结构的权重数值。下一层指标的效应值求和记为 $G_K(K=1,2,\cdots,5)$，然后进一步得到上一层的指标效用值的综合 $G=\sum_{K=1}^{5} GK$。因此，相应影响因素的指标类权重为 $A_j=\frac{GK}{G}$。

熵值法得到的指标权重见表8-21。

三、综合赋值法

本部分综合权重的确定用高波(2007)的研究方法进行计算，结果见表8-22。

$$W=(1-t)\times W_{\omega}+tW_{\alpha}$$

式中：

W——综合权重；

W_{ω}——专家打分法确定的主观权重；

W_{α}——熵值法确定的客观权重；

t——修正系数。

t 值由熵值法确定的指标权重值的差异程度决定，计算公式如下：

$$t=R_{\mathrm{EN}}\times\frac{n}{(n-1)}$$

其中，R_{EN} 为熵值法确定的指标值的差异程度系数，计算公式如下：

$$R_{\mathrm{EN}}=\frac{2}{n}(1\times P_1+2\times P_2+\cdots+n\times P_n)-\frac{n+1}{n}$$

其中，n 为指标个数；P_1，P_2，…，P_n为熵值法确定的权重从小到大的排序。

根据上述方法得到综合法确定的指标权重见表 8-21。

第四节 评价计算模型

根据指标值标准化和权重的矩阵，可计算得各海岛生态系统状态综合评价得分：

$$(V_1, V_2, \cdots, V_n) = (\omega_1, \omega_2, \cdots, \omega_n) \times \begin{bmatrix} S_{11} & S_{12} & \cdots & S_{1n} \\ S_{21} & S_{22} & \cdots & S_{2n} \\ \vdots & & & \\ S_{m1} & S_{m2} & \cdots & S_{mn} \end{bmatrix}$$

式中：

V_n——评价目标值；

ω_n——各项指标权重；

S_{mn}——指标标准化结果；

m——评价指标项数；

n——评价海岛数或同一海岛的不同评价时段数。

根据以上综合评价计算公式，海岛生态系统评价结果在 0~1，本章将海岛生态系统评价结果分为 5 个等级(肖佳媚，2007)，具体见表 8-22。

表 8-22 海岛生态系统状态评价等级

级别	变化值	描述
优	$1 \leq V_n < 0.8$	环境质量优越，基本未受到污染；生物多样性高，特有物种或关键种保有较好，生物种群结构种类变化不大，生态系统稳定，生态功能完善；自然性高，异质性低，景观破碎化小
良	$0.8 \leq V_n < 0.6$	环境质量较好，受到轻微污染；生物多样性较高，特有物种或关键种保有较好，生物种群结构种类受到一定干扰，生态系统较稳定，生态功能较完善；自然性较高，异质性较低，景观破碎化较小
一般	$0.6 \leq V_n < 0.4$	环境质量中等，已经受到一定程度污染；生物多样性一般，特有物种或关键种有一定的减少，生物种群结构种类受到了干扰，生态系统尚稳定，生态功能尚完善；自然性中等，异质性一般，景观破碎化不高
差	$0.4 \leq V_n < 0.2$	环境质量差，已经受到一定程度的污染；生物多样性低，特有物种或关键种较大程度的减少，生物种群结构种类受到了严重干扰，生态系统不稳定，生态功能受损；自然性较低，异质性较高，景观破碎化较高
很差	$0.2 \leq V_n < 0$	环境质量恶劣，已经受到了严重污染；生物多样性很低，特有物种或关键种急剧减少或濒临灭绝，生物种群结构种类受到了严重干扰，生态系统极不稳定，生态功能严重受损；自然性较低，异质性高，景观破碎化高

第九章　海岛生态系统可持续发展评价

☞［教学目标］

教学目标：本章主要介绍海岛生态系统可持续发展评价方法体系。通过本章学习，主要了解海岛可持续发展理念；了解海岛生态压力的来源；掌握海岛生态压力评价指标体系及评价方法；掌握海岛生态足迹的相关概念及评价方法；掌握海岛生态系统服务价值评价方法。

第一节　海岛生态压力评价

海岛生态压力即海岛的特殊区位以及特有的生态系统在人类与自然干扰因子的共同驱动下，其内部群落结构、地形地貌、生物栖息地、潮间带以及水质等周边环境在时间、空间以及服务功能上发生改变，使海岛内部调节机制遭到破坏，海岛生态系统趋向退化、崩溃(余爱莲等，2013)。

一、海岛生态压力来源

海岛生态各子系统中，在外界干扰下发生的改变是不定向的，环境资源系统中各种潜在性的风险及其系统本身会有所生态响应。生态环境的影响因子，在时间和空间上配置的不均衡性是生态压力产生的内在原因。海岛生态平衡是靠自身的调节机制来完成的，这种机制对干扰调节有自动性和未知性，一旦干扰强度超过其调节能力，生态系统将很难再保持住平衡而导致环境破坏。总体而言，海岛生态压力的来源可分为人为干扰和自然干扰两个方面(冷悦山等，2008)。

(一)人为干扰

人口增长与临港工业发展迫使岛屿单位生产、生活面积容量承载压力增加，对自然资源的需求量也越来越大。抢占土地资源，使生态斑块密度降低、生物种群结构遭到破坏，而群落结构是环境质量优劣的重要表征，尤其是污染程度较重的近海(杨义菊等，2011)，生物种群被破坏的程度更为严重。

外来生物入侵造成的生态环境破坏是巨大的，具有较强适生能力的外来物种一旦暴发灾害后将其灭除性很小。而随着旅游业的发展与国际商贸交易的进行不可避免地携带外来物种(秦大唐等，2004)。外来物种威胁到原有物种的生态位，生态代价甚至是物种灭绝，岛屿原有生物的栖息地缩小，环境质量与生物质量下降，多样性指数降低(欧健，2006)。

旅游活动以及其他偷猎活动，使得岛上生物遭到滥捕滥杀，导致很多海岛珍贵生物资源和国家保护动物濒临绝迹。工农业用地等开发活动对森林的滥砍滥伐导致水土流失，生物栖息地丧失，群落稳定状态演替到脆弱状态，破坏生态平衡。

大规模的水运工程、连岛以及围填海造地等开发活动，改变时空尺度特征，在物质和能量交换的过程中也起到一定的传递作用，促进生物基因流流动(赵迎东等，2006)。交通条件的改变在短期内促进了岛屿经济繁荣，但施工的局部海域悬浮物增加，施工过程带来的油污和重金属对附近海域水生生物造成毒害，导致潮间带生物退化(徐晓群等，2010)，对扩散能力和移动较低的底栖动物来说，造成不可逆转和无法估量的破坏。海岛地区大规模的开发建设，改变了坡体原始平衡状态，使得地质灾害日渐突出。海岛资源开发与生态环境保护之间的矛盾突出，海岛生态系统压力日益增大(曹伟等，2009)。

(二)自然干扰

海岛受风力、波浪和潮流等自然干扰的影响，其自我调节机制有限，抵御自然灾害的能力弱。常见的自然灾害以台风、洪灾为主，按其成因涵盖了地质灾害中的地震、气象灾害等(陈金华等，2007)，对于海岛生态系统的稳定极为不利，自然灾害不仅给岛屿经济带来巨大损失，同时对岛屿地形地貌的破坏导致生物栖息地的丧失，加快生物物种灭绝速度。生物生产性土地面积减少，生态承载力下降，生态压力增大。

淡水资源和土壤资源是海岛陆地生物及物质流动的基础，是维持海岛生命系统的前提条件。岛屿土地的主要特点是土层单薄贫瘠，肥力低，受潮流以及波浪的影响，一旦土壤资源受到破坏，其植被群落的生存随之受到影响，进而削弱植被涵养水源的能力，而缺乏植被的覆盖，其淡水资源也难以保证，威胁着整个海岛陆地生态系统的稳定。

自然环境因素和人为活动因素的综合作用使得自然灾害的发生频率上升，频发的自然灾害又使得海岛面临更大的生态压力，系统发展陷入正向反馈(罗钰如，1996)。上述海岛生态各因子的影响因素分析，充分体现了人类活动和外界环境胁迫是生态压力演变的外在动力机制，人类活动的干扰无论从破坏强度、作用范围，还是潜在危害等方面都高于自然干扰。因此，人为干扰是影响海岛生态压力增加以及扩散的“根源性原因”，而总体上，海岛生态压力是人类活动和自然属性共同作用的结果。

(三)海岛生态压力概念模型

海岛生态系统在遭受外界干扰的条件下，会在生物质量、生物多样性、生物栖息、群落结构、生产性土地面积等方面得到响应，由此构建出海岛生态压力的概念模型(图9-1)。此外，生态系统具有整体性，海岛生态压力的研究也要从整体上把握，任何一种生态因子的改变都会引起一系列的生态响应，所以要在动态中控制整体趋势的变化(刘卫先，2008)。而生态系统的区域性则表现在不同生境中起主导作用的生态因子各不相同，有针对性地分区域研究外界干扰压力对生态系统生理、生态结构以及服务功能系统的影响。所以，海岛生态压力应从海岛的整体性、区域性、动态性以及不同的时间尺度几方面界定与评价，以真实反映海岛的生态安全现状。

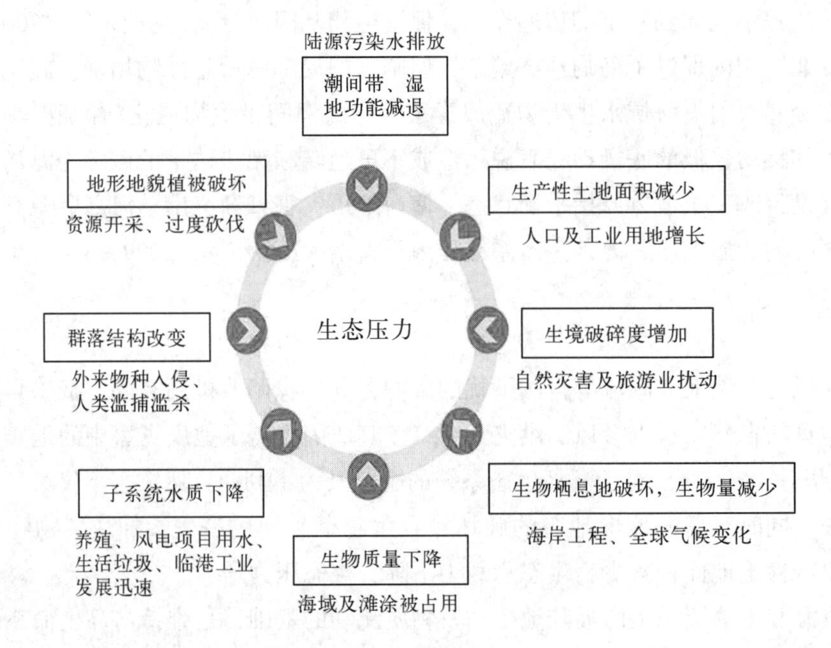

图9-1　海岛生态压力概念模型

二、海岛生态压力评价

(一)海岛生态压力评估指标体系

海岛生态压力是通过分析岛屿生态系统的特征、外界干扰的来源以及研究岛屿内部对压力的反应机制(佘爱莲等，2013)。综合考虑各生态因子的关联因素以及数据可获取性，本文选取岛屿的几种普适性指标作为海岛生态评估的依据。

自然与人为双重压力对岛屿生态环境的影响是多方面的，无论是人为活动还是自然活动，其生态压力驱动因子都是交互耦合关联的，每种因子的改变都能够引起其他因子相应的变化，它们同时作用于整体岛屿生态系统（冯永忠等，2009；任品德等，2013）。本文将岛屿划分为 3 个子系统，分别为岛陆子系统、潮间带子系统以及周边海域子系统(王小龙，2006；贾林，2013)，由内到外提取生态压力指标。

1. 内部生态因子压力指标

岛屿人口急剧增多以及工业用地不断扩张导致生态生产性土地面积减少，生态系统自身协调能力减弱，海岛生态环境呈越来越脆弱的趋势。净初级生产力(NPP)是指植物在单位时间和空间内，去掉呼吸所消耗的有机物质后所累积有机物质的量，是生态系统中其他成员生存和繁衍的物质基础，能准确反映出植被的生产能力(汤萃文等，2010)。归一化植被指数(NDVI) 又称为标准化植被指数，是以遥感图像为基础对植被进行量化研究，是植被空间分布密度的最佳指示因子。本教材推荐利用 NDVI 计算岛屿的净初级生产力(肖乾广等，1996；郑元润等，2000)。

2. 周边环境因子压力指标

1) 生物多样性指数

生物多样性指数是一个反映海岛生态稳定性的重要指标，其数值大小代表所有不同种类的生物有机体的变异性和丰富性，也反映出区域生态系统抗干扰能力与恢复能力。生物多样性指数反映出生态系统生物多样性及其群落结构的概况，即群落结构越复杂，生态系统的抗压能力越强，然而围涂和近岸的滥捕现象，使潮间带生物多样性和近岸生物资源量不断减少。生物多样性指数采用 Shannon-Weaver 指数计算(曾志新等，1999；刘晓红等，2008；王勇等，2003)。

2) 大气环境质量指数

国内外学者对空气污染问题日趋关注，大气环境质量监测能够反映出局部地区污染浓度以及污染排放的状态(Pradeepta et al.，2010)。本教材参考的研究案例为舟山市普陀区的西白莲岛，根据其实际情况，提取 SO_2、NO_2和 TSP_3种主要污染因子，采用环境空气质量现状评价中单项污染指数法进行定量计算(于子江等，2001)。

3) 水质环境质量指数

水质退化的重要来源是城市排污，其次是养殖业及工业的增加，导致潮间带和湿地功能退化，局部沿海岸线海域生物质量和水质下降（何明海，1989)，局部近岸海域水质的富营养化有所增加，底质中的有机质和硫化物也有积累现象(欧健，2006)。水质评价提取的指标有溶解氧、化学需氧量、无机氮、活性磷酸盐、石油类以及部分重金属元素(铅和锌)，采用环境水质质量现状评价中单项污染指数法进行定量计算(林和山等，2012)。

4) 海岸资源利用指数

海岛开发利用是从整体空间观点出发，根据自然区域特点和经济社会发展需求，对生态景观进行人为的改变，把规划区分为不同功能单元来满足环境目标和环境管理对策，岸线资源开发直接破坏底栖生物生境，是物种消失和生物多样性减退的重要原因(陈彬等，2006)。本书采用岸线利用面积与整个海岛面积的比率来定量反映开发程度。

生态系统内部结构以及周边自然环境要素等多方面的响应，从中提取能够定量评价海岛生态系统的指标(图 9-2)。

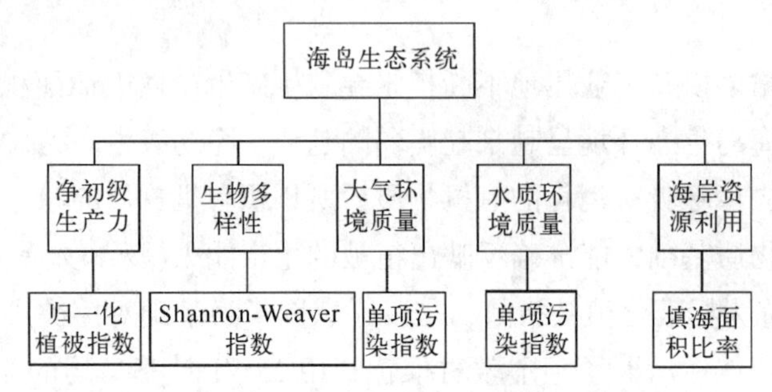

图 9-2　海岛生态系统评价指标

(二)海岛生态压力定量评估模型构建

1. 环境指标评定标准

我国海岛分布广泛，预构建的定量评估模型若评价所有岛屿，前提是要根据岛屿不同的地理位置而采用不同的生态因子评定标准。本教材评价依据为《全国近岸海域环境功能区划(调整)》，选择这样的标准评定主要是考虑到岛屿合理开发要在注意生态环境的同时兼顾国家海洋开发利用的相关法规。

2. 环境指标定量测算

标准化计算的目的是将不同数量级、不同量纲的各指标值进行处理，使所有指标具有可比性。本部分内容主要参考《海洋调查规范　第 9 部分：海洋生态调查指南》(GB/T 12763.9—2007)。

1)归一化植被指数

归一化植被指数(NDVI)值能够对植被分布、初级生产力、开发利用和退化状况进行有效的动态分析，其计算公式如下：

$$NDVI=(Band\ 3N-Band\ 2)/(Band\ 3N+Band\ 2)$$

式中：

Band 2——红光波段；

Band 3N——近红外波段。

2)德尔菲法

利用德尔菲法(DT)，使指标体系框架和指标之间的逻辑关系和数学关系更加紧密

（刘韫，2009），DT 可按下式计算：

$$DT = \frac{\sum_{i=1}^{n} W_i P_i}{\sum_{i=1}^{n} W_i}$$

式中：

W_i——污染物单因子评价指标数值；

P_i——各指标系数。

3）空气质量指数（OI）

采用橡树岭空气质量指数（ORAQI）进行综合评价大气质量，此指数衡量大气环境质量的主要依据是不同大气污染因子的危害程度，可适用于任意多项污染物的综合评价（Reddy，2004；陈辉等，2012）。ORAQI 可按下式计算：

$$\text{ORAQI} = \left[a \sum_{i=1}^{n} \frac{C_i}{S_r} \right]^b$$

本法设 C_i 代表任一项实测污染物的平均浓度，S_r 代表该污染物的相应标准值，式中 a、b 为常系数，可根据西白莲岛的独特条件确定污染物浓度的标准值和背景值，当各种污染物浓度等于该地区背景值浓度 C_{io} 时，ORAQI ＝10；当各种污染物浓度均达到相应的标准值 S_i 时，ORAQI ＝100；从而确定系数 a、b（李祚泳，1998）。

$$\left[a \sum_{i=1}^{n} \frac{C_i^n}{S_i} \right]^b = 10, \quad \left[a \sum_{i=1}^{n} \frac{C_i^n}{S_i} \right]^b = 100$$

4）水质单项指数法评价

（1）富营养化评价采用海水营养指数。营养指数的计算主要有两种方法，第一种方法考虑化学需氧量、总氮、总磷和叶绿素，计算公式如下：

$$N_I = C_{\text{COD}}/S_{\text{COD}} + C_{\text{TN}}/S_{\text{TN}} + C_{\text{TP}}/S_{\text{TP}} + C_{\text{Chla}}/S_{\text{Chla}}$$

式中：

N_I——营养指数；

C_{COD}、C_{TN}、C_{TP}、C_{Chla}——水体中的化学需氧量、总氮、总磷、叶绿素 a 的实测浓度；

S_{COD}、S_{TN}、S_{TP}、S_{Chla}——水体中的化学需氧量、总氮、总磷、叶绿素 a 的评价标准，见表 9-1。

当营养指数大于 4 时，认为海水达到富营养化。

表 9-1　海水富营养化评价标准

项目	S_{COD}	S_{TN}	S_{TP}	S_{Chla}
标准值	3.0 mg/dm³	0.6 mg/dm³	0.03 mg/dm³	10 μg/dm³

第二种方法只考虑化学需氧量、溶解无机氮、溶解无机磷。计算公式如下：

$$N_I = (C_{\mathrm{COD}} \times C_{\mathrm{DIN}} \times C_{\mathrm{DIP}})/4\ 500$$

式中：

N_I——营养指数；

C_{COD}、C_{DIN}、C_{DIP}——水体中的化学需氧量（mg/dm³）、溶解无机氮（μg/dm³）、溶解无机磷（μg/dm³）的实测浓度；

4 500——COD、DIN 和 DIP 的 3 类海水水质标准值的乘积。

当营养指数 $N_I>1$，认为水体富营养化。

（2）污染压力评价。

i. 氮污染压力评价：采用氮污染指数法评价，详细内容按《海洋监测规范　第 7 部分：近海污染生态调查和生物监测》（GB/T 17378.7—2007）的有关规定执行。采用氮污染压力指数评价某月（年）的氮污染压力指数等于该月（年）的入海氮通量除以该月（年）水体中总氮平均含量。入海氮通量指进入调查海区的氮的总量，包括无机态氮和有机态氮，计算公式如下：

$$P_{\mathrm{PN}} = F_{\mathrm{LUXN}}/C_{\mathrm{TN}}$$

式中：

P_{PN}——氮污染压力指数，m³/月，m³/a；

F_{LUXN}——氮污染的入海氮通量，kg/月，kg/a；

C_{TN}——水体中总氮含量，kg/m³。

根据以上计算，确定高污染压力海区，分析污染压力的变化趋势。

ii. 磷污染压力评价：采用磷污染指数法，评价详细内容按《海洋监测规范　第 7 部分：近海污染生态调查和生物监测》（GB/T 17378.7—2007）的有关规定执行。采用磷污染压力指数评价某月（年）的磷污染压力指数等于该月（年）的入海磷通量除以该月（年）水体中总磷平均含量。入海磷通量指进入调查海区的磷的总量，包括无机磷和有机磷，计算公式如下：

$$P_{\mathrm{PP}} = F_{\mathrm{LUXP}}/C_{\mathrm{TP}}$$

式中：

P_{PP}——磷污染压力指数，m³/月，m³/a；

F_{LUXP}——磷污染的入海磷通量，kg/月，kg/a；

C_{TP}——水体中总磷含量，kg/m³。

根据以上计算，确定高污染压力海区，分析污染压力的变化趋势。

iii. 油污染压力评价：采用油污染指数法评价，详细内容按《海洋监测规范　第 7 部分：近海污染生态调查和生物监测》（GB/T 17378.7—2007）的有关规定执行。采用油污染压力指数评价某月（年）的油污染压力指数等于该月（年）的入海油通量除以该月（年）水体中油的平均含量，计算公式如下：

$$P_{PO} = F_{LUXO}/C_O$$

式中：

P_{PO}——油污染压力指数，m^3/月，m^3/a；

F_{LUXO}——入海油通量，kg/月，kg/a；

C_O——水体中油含量，kg/m^3。

根据以上计算，确定高污染压力海区，分析污染压力的变化趋势。

iv. COD 污染压力评价：采用 COD 污染指数法评价，详细内容按《海洋监测规范　第 7 部分：近海污染生态调查和生物监测》(GB/T 17378.7—2007)的有关规定执行。采用 COD 污染压力指数评价某月(年)的 COD 污染压力指数等于该月(年)的入海 COD 通量除以该月(年)水体中 COD 的平均含量，计算公式如下：

$$P_{COD} = F_{LUXCOD}/C_{COD}$$

式中：

P_{COD}——COD 污染压力指数，m^3/月，m^3/a；

F_{LUXCOD}——入海 COD 通量，kg/月，kg/a；

C_{COD}——水体中 COD 含量，kg/m^3。

根据以上计算，确定 COD 高污染压力海区，分析污染压力的变化趋势。

(3)养殖压力评价采用养殖压力指数法评价。对于滤食性贝类和浮游生物食性鱼类，其养殖压力指数等于单位时间内养殖收获净输出的有机碳或有机氮通量除以该调查区同时期水体中颗粒有机碳或有机氮的平均含量。单位时间为月或年，计算公式如下：

$$P_{PA} = P_A/C_{POC-PON}$$

式中：

P_{PA}——养殖压力指数，m^3/月，m^3/a；

P_A——养殖收获净输出的有机碳或有机氮通量，kg/月，kg/a；

$C_{POC-PON}$——水体中颗粒有机碳或有机氮含量，kg/m^3。

这里，养殖收获净输出的碳(氮)通量等于养殖收获物的有机碳或有机氮通量减去苗种和饵料的有机碳或有机氮通量，计算公式如下：

$$P_A = P_{RODA} \times f_A - Q_A \times f_A - F_{FOODA} \times f_{FOODA}$$

式中：

P_{RODA}——养殖产量，kg/月；

Q_A——养殖苗种投放量，kg/月；

F_{FOODA}——饵料投喂量，kg/月；

f_A——养殖生物的有机碳或有机氮含量系数；

f_{FOODA}——投喂饵料的有机碳或有机氮含量系数。

根据以上计算，确定高养殖压力的海区，分析养殖压力的变化趋势。

(4)捕捞压力评价。

i. Ⅰ类捕捞压力评价：采用Ⅰ类捕捞压力指数法评价。某月(年)的捕捞压力指数等于该月(年)渔获量除以该月(年)的渔业资源现存量。捕捞渔获物主要指栖息在所研究海区范围内的种类。计算公式如下：

$$P_{PF} = P_F / S_F$$

$$P_F = P_{RODF} \times f_F$$

式中：

P_{PF}——捕捞压力指数，km^2/月，m^3/a；

P_F——渔获物的有机碳或有机氮通量，kg/月，kg/a；

S_F——调查海区的渔业资源现存量(以有机碳、有机氮计)，kg/km^2；

P_{RODF}——渔获量，以湿重计算，kg/月，kg/a；

f_F——渔获物中有机碳或有机氮含量系数。

若研究的渔获量和资源量指同一种类，或者虽然是不同种类但具有相同的有机碳或有机氮含量，它们的单位可以用质量表示，不必转换为碳(氮)计算。

渔业资源现存量计算按《海洋调查规范　第6部分：海洋生物调查》(GB/T 12763.6—2007)的有关规定执行。

根据以上计算，确定高捕捞压力的海区，分析捕捞压力的变化趋势。

ii. Ⅱ类捕捞压力评价：采用Ⅱ类捕捞压力指数法评价。某月(年)的捕捞压力指数等于该月(年)渔获物的有机碳或颗粒有机氮通量除以该月(年)海水中颗粒有机碳或颗粒有机氮平均含量。捕捞渔获物主要指栖息在所研究海区范围内的种类。计算公式如下：

$$P_{PF} = P_F / C_{POC-PON}$$

$$P_F = P_{RODF} \times f_F$$

式中：

P_{PF}——捕捞压力指数，m^3/月，m^3/a；

P_F——渔获物的有机碳或有机氮通量，kg/月，kg/a；

$C_{POC-PON}$——水体中颗粒有机碳或颗粒有机氮含量，kg/m^3；

P_{RODF}——渔获量，kg/月，kg/a；

f_F——渔获物中有机碳或有机氮含量系数。

根据以上计算，确定高捕捞压力的海区，分析捕捞压力的变化趋势。

5)水质综合污染指数法

本书对水质因子的评价采用的方法为综合污染指数法(*WPI*)。运用半集均方差模式，它不仅通过算术平均值来考虑某一因子指数对生态环境的影响，也可对因子指数中的大值给予较大权重，因此该模式能反映水质质量的确切状况（孟伟，2005；蒋火华等，1999；尹海龙等，2008；尤志杰等，2009）。

(1)评价因子算术平均($\bar{S}$)，计算如下式：

$$(\bar{S}) = \sum_{i=1}^{n} S_i/n$$

其中：

$$S_i = C_i/C_{is}$$

式中：

n——污染物因子个数；

S_i——污染物 i 的单因子评价指数；

C_i——实测污染物 i 的含量，mg/dm^3；

C_{is}——环境污染物 i 的环境质量标准，mg/dm^3，参考海水水质标准中的Ⅱ类水体标准。

(2)半集均方差 (S_h)，计算如下式：

$$S_h = \sqrt{\frac{1}{m}\sum_{i=1}^{m}(S_i - \bar{S})}$$

式中：

$\bar{S}$——某因子标准指数的算术平均值；

n——污染物因子个数；

S_h——半集均方差；

m——大于中位数半集的指数个数，且有 $m=n/2$ (n 为偶数)，$m=(n-1)/2$(n 为奇数)。

那么，水质综合污染指数 WPI 可表示为：

$$WPI = \bar{S} + S_h$$

提取的净初级生产力和生物多样性指标定量计算指数值是越大越优，而大气、水质以及填海定量计算的指数值则是越大越劣，为了便于各指标的比较和计算，应用差值法实现指标原始数据规范化和无量纲化处理。

$$X_{ij} = \frac{X'_{ij}}{\max(X_{ij}) + \min(X_{ij})}$$

指标值越大越优。

$$X_{ij} = 1 - \frac{X'_{ij}}{\max(X_{ij}) + \min(X_{ij})}$$

指标值越大越劣。

借用数学函数的思想，将提取的 5 个评价指标指数定义为函数的自变量，综合评价结果定义为函数的因变量。则多指标的评价问题就直接转化为利用一定的数学模型将多个评价指标值“归结”为一个整体性评价指标的问题，各项准则层的指标可表示为 **A** 矩阵。

$$A = \begin{bmatrix} a_{11} & a_{12} & a_{13} & a_{14} & a_{15} \\ a_{21} & a_{22} & a_{23} & a_{24} & a_{25} \\ a_{31} & a_{32} & a_{33} & a_{34} & a_{35} \\ a_{41} & a_{42} & a_{43} & a_{44} & a_{45} \\ a_{51} & a_{52} & a_{53} & a_{54} & a_{55} \end{bmatrix}$$

采用变异系数法进行赋值，变异系数法是一种直接对指标数据进行数学处理求取指标权重的客观赋值方法。它的特点是能够充分考虑各个指标数据的相对变化幅度来实现指标的动态赋权，主要目的是减少主观因素的干扰（马细霞等，2004；王文森，2007；刘亮等，2012）。

6）评价指标权重计算

评价指标权重计算如下：

$$V_k = \sigma_k \Big/ \overline{X_k} \qquad \omega_k = V_k \Big/ \sum_{i=1}^{m} V_k \qquad k = 1, 2, \cdots, m$$

式中：

V_k——第 k 个指标变异系数；

σ_k——第 k 个指标标准差；

$\overline{X_k}$——第 k 个指标算术平均值；

ω_k——第 k 个指标的变异系数法权重。

3. 生态压力定量评估模型

海岛开发的时间和空间逐年变化，导致不同评价指标对环境影响的权重自然是动态变化的，由上述定量测算公式(1)至公式(5)计算可得每年评价因子的数值以及各因子的权重，构建得到生态压力定量评估模型为

$$P = 1 - A_i \times \omega_{ki}^{-1}$$

评价因子的数值表达，各因子的权重矩阵为

$$\omega_k = [\omega_{k_1}, \omega_{k_2}, \omega_{k_3}, \omega_{k_4}, \omega_{k_5}]$$

各因子的动态权重介于 0~1，越接近 1 表示压力值越大，通过评估模型计算结果能够直观地分析出区域生态压力来源情况以及压力大小。

第二节　海岛生态系统 PSR 模型评价方法

人类活动扰动程度不一，不同海岛的生态环境差异较大。海岛生态系统评价难以统一标准，建立普遍适用的指标体系存在一定的难度。本章借鉴 PSR 模型作为海岛生态系统评价的主要方法。通过建立海岛生态系统评价指标体系和评价方法，应用于海岛生态系统评

价研究。

一、海岛生态系统评价指标体系

(一)指标体系优势

PSR模型为基础框架，参考现有的定性或定量评价方法，分析海岛生态系统压力，重点研究海岛生态系统状态评价方法和评价指标体系，并对其进行生态系统现状评价。基于PSR模型的海岛生态系统评价方法示意图如图9-3所示，相对于其他方法和模型，PSR模型在建立海岛生态系统评价指标体系上的优势主要体现在以下几个方面。

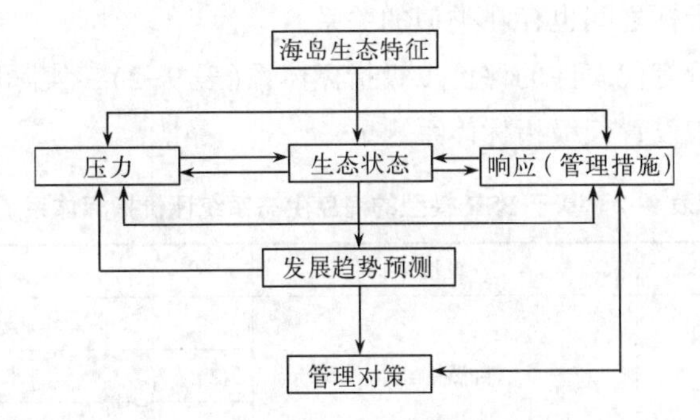

图9-3 基于PSR模型的海岛生态评价方法示意图

1. 综合性

PSR模型能抓住复合生态系统中“社会—环境—自然”相互关系的特点，体现出不同海岛生态系统间的共性，从社会经济和环境的因果关系中反映出生态系统的状况。同时，其因果关系为管理者提供了科学的数据和思路，揭示了生态系统的内部机理，也反映了管理者的最终目标。

2. 灵活性

PSR模型具有易调整性，它是一个动态模型，能全面地反映海岛生态系统的实际状况。在实际评价工作中可以针对具体情况在时空尺度上进行扩展，对模型进行调整以说明某些更具体的问题。适用于描述较大时空尺度的环境现象。

3. 因果关系

PSR模型从海岛生态系统退化的原因出发，通过压力、状态和响应三方面指标把相互间的因果关系充分展示出来，同时每个指标都能进行分级化处理形成次一级子指标体系，这三个环节正是决策和制定对策措施的全过程。依据PSR模型建立的指标体系更注重指标之间的因果关系及其多元空间联系。

(二)指标体系内容

基于PSR模型的海岛生态系统评价指标体系中："状态"指标反映了整个海岛生态系统的结构、功能状况(包括生态服务功能)及动态特征；"压力"指标为自然灾害及人类活动对海岛生态系统扰动后产生的压力，包括经济、社会和自然多方面的因素；"响应"指标是能够反映处理海岛生态环境问题和维护改善海岛生态系统状态的保障及管理能力(薛雄志等，2004)。三者相联系构建出海岛生态系统评价指标体系框架，由压力指标可派生出对应的状态指标和响应指标，但这些分类指标之间的关系并非完全一一对应。一种状态指标可能同时受到两种及以上的压力指标影响；一种压力指标也可影响两种或多种状态指标。压力指标和响应指标之间也存在类似的关系。

海岛生态系统评价有代表性的评价二级指标体系(表9-2)，实际应用中可以根据不同海岛的具体情况进一步设置三级指标体系。

表9-2 基于PSR模型的海岛生态系统评价指标体系

分类	一级指标	二级指标
压力	自然因素	气候条件
		水文条件
		自然灾害
	人文因素	人口
		社会经济
		资源开发利用
状态	非生物环境	污染源
		淡水环境质量
		海水环境质量
		土壤环境质量
		沉积物质量
		生物质量
		生境质量
	生物环境	岛陆生物
		潮间带生物
		周边海域生物
		珍稀物种
响应	政策措施	污染控制
		生态环境管理
		生态保护与建设

(三)技术路线

研究技术路线如图 9-4 所示。生态系统评价的定义及研究进展，归纳总结海岛生态系统的概念特征及研究进展，提出海岛生态系统评价的研究方法。

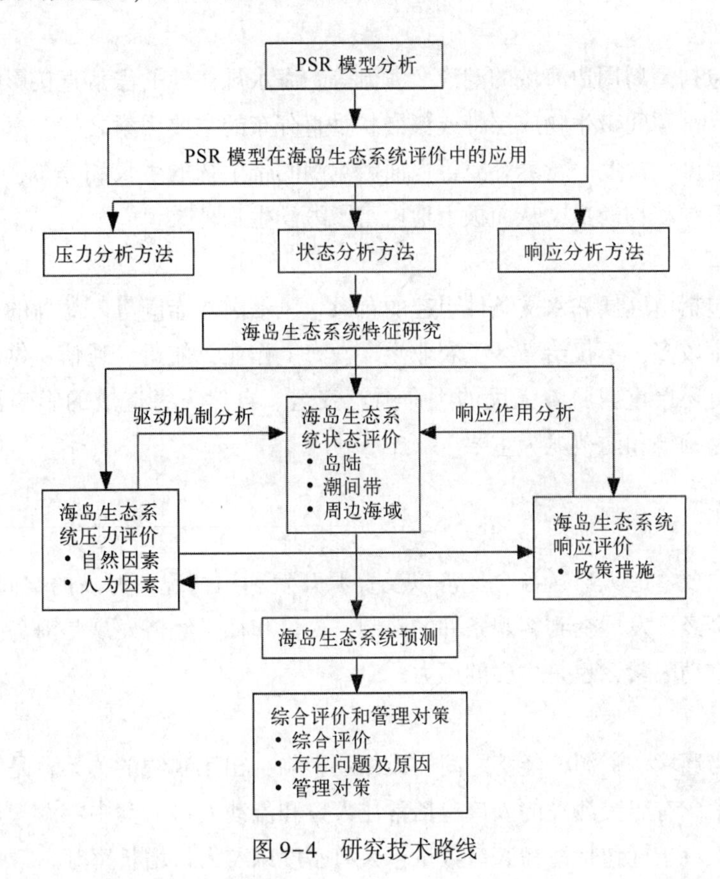

图 9-4　研究技术路线

二、海岛生态系统压力分析

(一)评价指标

压力指标是海岛生态环境变化的驱动力，是生态环境质量变异的重要贡献因素。压力的来源是一个非常关键的问题，因为造成生态变化的这些压力应当对生态系统状态的变化负责。本书将压力指标归纳为自然因素和人文因素。

1. 自然因素

自然因素主要是指影响海岛生态系统的外部气候条件、水文条件以及自然灾害。

1) 气候条件

气候条件包括海岛年均气温、年降水量等。海岛气温变化及降水时空变化对海岛生态系统起到限制作用。极端气候和相关灾害发生的频次及强度对海岛生物生长以及景观格局的改变都起到一定作用。

2) 水文条件

水文条件包括海岛周边海域的潮汐、海流等。海水规律性的涨落直接影响着潮间带生物的生长发育，是潮间带生物成层带或镶嵌状垂直分布的主要因素之一。海流不仅有利于水体交换，在温度、盐度、营养补充等方面影响潮间带生物的生长和分布，而且还传播海藻孢子，携带海洋动物幼虫，从而极大地丰富了海洋生物种类。

3) 自然灾害

自然灾害包括由气候和水文条件引起的台风、风暴潮、赤潮等。海岛的地理位置决定其自然灾害发生较多，不仅给岛区工农业生产、海上作业、航运、通信、供水等方面带来很大影响，而且还严重威胁着人民的生命财产安全。自然灾害造成的影响常常是毁灭性的，对自然灾害预警和防范尤为重要。

2. 人文因素

人文因素主要考虑人口、社会经济以及资源开发利用情况。海岛的空间和资源有限，海岛人口和社会经济发展受到客观条件的限制。人口和社会经济发展是海岛生态环境可持续发展的关键推动因素，也是主要的压力。

1) 人口

人口问题与环境、资源、经济之间构成相互影响、相互制约的关系，是一个地区协调发展的关键因素。有居民海岛的人口包括常住人口和流动人口，其中旅游人口是一个重要的压力指标。人口指标包括海岛人口数量、人口密度以及人口增长率等。

2) 社会经济

海岛经济的发展和活跃程度是海岛生态变化的主要压力因素。主要指标有海岛国民生存总值、海岛人均国民生存总值、城市化水平、海岛第三产业比重以及海岛旅游业产值。

3) 资源开发利用

海岛资源开发一般包括海岛水产养殖、港口开发、渔业资源开发、旅游业发展等。海岛资源开发利用为海岛的发展提供了途径，但也造成了许多生态问题：掠夺式资源型开发，致使海岛资源遭受严重破坏；有居民海岛污染较严重，特别是工业用岛污染更突出，造成生态系统的破坏。

(二) 评价方法

识别评价对象海岛生态系统的主要压力因子，收集近几年的相关数据，定性描述各压力因子的情况，并分析这些压力因子导致生态系统呈现的状态。

三、海岛生态系统状态分析

(一)评价指标

生态系统状态指生态系统所处的状态或趋势，它是各种生态因子时空相互耦合的综合反映。海岛生态系统状态指标采用层次分析法，将海岛生态系统简化为不同层次，每一层次又分解为不同的组成因素，构成生态系统评价指标体系(图 9-5)。

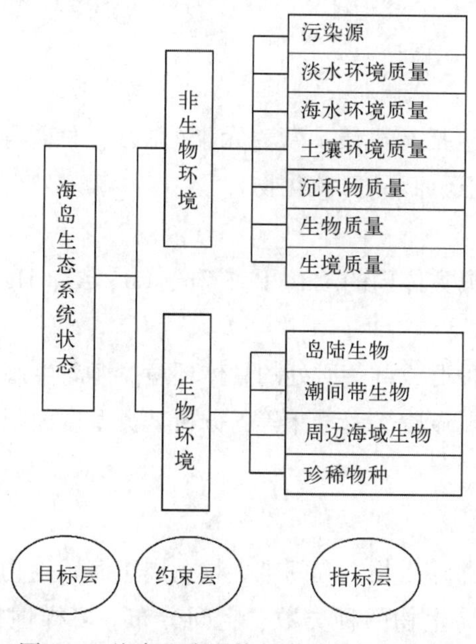

图 9-5　海岛生态系统状态评价指标体系

评价层次由目标层、约束层和指标层组成，目标层为海岛生态系统状态，约束层为生物环境及非生物环境，指标层为代表生物及非生物环境的各要素。据此，海岛生态评价根据海岛的组织结构分为生物环境及非生物环境两部分，并且各部分涵盖相应的指标。在进行具体海岛评价时，结合海岛地区的实际情况及数据资料的可获得性，每项指标进一步细化，选取相应的关键因子做重点评价。

1. 非生物环境

非生物环境质量指海岛生态环境总体自然环境质量。包括污染源、淡水环境质量、海水环境质量、土壤环境质量、沉积物环境质量、生物质量、生境质量。

1) 污染源

污染物评价因子包括主要污染物的来源和类型、污染排放量大小，污染状况，污染特征等。

2) 淡水环境质量

海岛的淡水资源指岛屿陆地、山溪、河网、水库等地表径流和水井的浅层地下水，其总补给源是大气降水。评价指标包括 pH、COD_{Mn}、SS(溶解性总固体)、重金属等。

3) 海水环境质量

海水环境质量评价因子主要包括水温、盐度、pH、溶解氧、无机氮、活性磷酸盐及石油类等。

4) 土壤环境质量

土壤环境质量评价因子包括 pH、镉、汞、砷、铜、铅、铬、锌、镍、六六六、DDT 等。

5) 沉积物质量

沉积物质量评价因子包括有机质、营养元素(总氮、总磷等)、重金属(铜、铅、锌、铬、镉、汞、砷等)、氧化还原环境(硫化物)。

6) 生物质量

生物质量评价因子为贝类体内的 Cu、Pb、Zn、Cd、As、Hg、六六六、DDT 含量。

7) 生境质量

生境是指生物个体、种群或群落所处的具体环境。海岛生态系统的典型生境主要包括海岛滩涂湿地、红树林、珊瑚礁、海草床等，分析其类型、面积、分布等。

2. 生物环境

生物环境评价是指对岛陆生物、潮间带生物、周边海域生物、珍稀物种进行定性或者定量的分析描述，分析海岛生物的种类数、空间分布、多样性指数、初级生产力和叶绿素 a大小及分布，评价上述内容的现状，并分析现状形成的主要原因。

1) 岛陆生物

自然状态下的海岛往往覆盖有良好的植被，岛陆植物群落在长期进化过程中往往会形成特殊的生境缀块，在这些生境之中，生存着一定数量的陆生生物，包括岛陆植被和岛陆动物。岛陆植被包括乔木植被和草本植被，岛陆植被评价因子包括海岛的植被类型、海岛植被面积、植被覆盖率和物种种类组成；岛陆动物由于种类数量繁多，难以精确统计，而且一般与植被覆盖率相联系，在评价中一般不予考虑。

2) 潮间带生物

潮间带生物评价因子包括潮间带鸟类、潮间带植被、潮间带底栖生物。潮间带生物群落因潮汐而有明显的垂直分层，呈现出高、中、低三个潮区的生物带。高潮区生物种类少、数量小，中、低潮区的种类多少和数量大小因地点和底质类型而异。

3) 周边海域生物

周边海域生物评价因子包括叶绿素 a、初级生产力、浮游植物、浮游动物、底栖生物和游泳动物。浮游植物是海洋生态系统中最重要的初级生产者，启动了海洋中的食物网，在海洋生态系统的能量流动、物质循环和信息传递中起着至关重要的作用。海洋生态系统中浮游植物物种的多样性直接和生态系统的物质循环、能量流动、信息传递的功能相关，其中最为突出的是浮游植物的多样性与海洋生态系统的稳定性有着密切的关系(孙军等，2004)。

4)珍稀物种

海岛是独特的地理单元，岛内的生物群体在长期进化过程中，形成的特殊动物区系缀块，往往是受威胁种的避难所，保存有独特的珍稀物种。这些物种无论是对海岛生态系统的维持还是人类的科学研究都具有极高的价值。海岛珍稀物种评价因子，包括海岛珍稀物种的种类、数量和分布。

(二)评价标准和方法

1. 非生物环境

采用定量和定性结合的方法，评价各非生物环境要素的质量状况。评价标准依据国家环境质量标准，国家环境质量标准中未作规定的项目，可以参照地方环境质量标准。此外，国家和地方未制定标准的指标可以参考当地的历史值确定相应的基准作为本评价的标准。

1)污染物评价

采用定量和半定量分析的方法，分析污染源和主要污染物的状况。

2)淡水环境质量评价

淡水环境中的地表水及地下水评价可查看第七章相关内容。淡水环境质量评价采用单因子环境质量指数加超标率法和综合指数法，评价方法见表9-3。

(1)单因子环境质量指数加超标率法。

设评价因子为 i，其单因子环境质量指数计算公式如下：

$$P_i = C_i / S_i$$

式中：

P_i——环境质量指数；

C_i——i 因子在环境中的浓度；

S_i——i 因子的环境质量标准值。

其中，pH 值指数采用如下计算：

$$P_i = \frac{7.0 - \mathrm{pH}_i}{7.0 - \mathrm{pH}_{sd}} \qquad (\mathrm{pH} \leqslant 7.0)$$

$$P_i = \frac{\mathrm{pH}_i - 7.0}{\mathrm{pH}_{su} - 7.0} \qquad (\mathrm{pH} > 7.0)$$

式中：

P_i——i 点的 pH 环境质量指数；

pH——i 点的 pH 监测值；

pH_{sd}——评价标准中规定的 pH 值下限；

pH_{su}——评价标准中规定的 pH 值上限。

当 $P_i \leqslant 1$ 时，表示未超标；$P_i > 1$，表明已超标，而此时 $(P_i - 1) \times 100\%$ 表示超标倍数。样品超标率为样品中的超标样品个数与所有样品个数比。

(2)环境质量综合指数法。

水质指数 WQI 的计算公式为

$$WQI = \frac{1}{n}\sum_{i=1}^{n} W_i P_i$$

式中：

W_i——第 i 参数的权重值，在 0～1，该指数通过权重来体现不同污染物的环境效应；

P_i——第 i 种因子的单因子环境质量指数；

n ——所有参评的水质项数。

结果评价指数：WQI 小于 0.75，表示水质清洁；WQI 在 0.75～1.0，表示水质轻度污染；WQI 在 1～1.25，表示水质中度污染；WQI 大于 1.25，表示水质严重污染。

表 9-3　淡水环境质量评价方法

指标		计算方法及说明
单因子评价指数法(H_1)	化学需氧量	采用平均浓度指数和单项指标率两个指标综合打分； 平均浓度分值 A：未超标打 0.5 分，超标则打 0 分； 超标率分值 B：计算超标率 a，打分结果为 $0.5\times(1-a)$； 计算分值：$H_1 = A+B$
	铜	
	铅	
	锌	
	镉	
	铬	
综合评价指数法(H_2)		$WQI < 0.75$，$H_2 = 1$； $0.75 < WQI < 1.25$，$H_2 = (2.5 - 2 \times WQI)$； $WQI > 1.25$，$H_2 = 0$
综合评价		$0.5 \times H_1 + 0.5 \times H_2$

地表水和地下水分别计算综合评价指数分值，再将二者的数值平均，即得淡水环境质量综合评价分值。

3)海水环境质量评价

海水环境质量评价方法同淡水环境质量评价方法。标准执行《海水水质标准》(GB 3097—1997)，见表 9-4。

其中，溶解氧采用如下计算：

$$P_i = \frac{|DO_f - DO_i|}{DO_f - DO_s} \qquad (DO_i \geqslant DO_s)$$

$$P_i = 10 - 9 \times \frac{DO_i}{DO_s} \qquad (DO_i \geqslant DO_s)$$

$$DO_f = \frac{468}{31.6 + T}$$

式中：

P_i——i 点的溶解氧质量指数；

DO_f——饱和溶解氧浓度，mg/L；

T——水温，°C；

DO_i——i 点的溶解氧浓度，mg/L；

DO_s——溶解氧评价标准。

表 9-4　海水水质标准

水质参数	一类标准值	二类标准值	三类标准值	四类标准值
pH	7.8～8.5		6.8～8.8	
DO/(mg/L)	>6	>5	>4	>3
COD/(mg/L)	≤2	≤3	≤4	≤5
无机氮/(mg/L)	≤0.20	≤0.30	≤0.40	≤0.50
活性磷酸盐/(mg/L)	≤0.015	≤0.030		≤0.045
水温/℃	人为造成的海水升温夏季不超过当地1℃，其他季节不超过21℃		人为造成的海水升温不超过当地4℃	

注：按照海域的不同使用功能和保护目标，海水水质分为4类：第一类适用于海洋渔业水域、海上自然保护区和珍稀濒危海洋生物保护区；第二类适用于水产养殖区、海水浴场、人体直接接触海水的海上运动或娱乐区以及与人类食用直接有关的工业用水区；第三类适用于一般工业用水区、滨海风景旅游区；第四类适用于海洋港口水域、海洋开发作业区。

4）土壤环境质量评价

土壤环境质量评价方法同淡水环境质量评价方法，采用单因子环境质量指数加超标率法和综合指数法。土壤环境质量标准参照《土壤环境质量标准》（GB 15618—1995）。

5）沉积物质量评价

沉积物质量评价方法同淡水环境质量评价方法，采用单因子环境质量指数加超标率法和综合指数法。评价标准参照《海洋沉积物质量标准》（GB 18668—2002）。

6）生物质量评价

生物质量评价方法同淡水环境质量评价方法，采用单因子环境质量指数加超标率法。选取评价区域内贝类生物质量进行评价。评价标准参照全国海岸带统一标准。

7）生境质量评价

选取有代表性的珍稀生境，采用历史对比的方法，分析典型生境面积变化百分比、质量下降状况、数量和多样性变化，用珍稀生境的变化表示，评价方法见表 9-5。

表 9-5　生境质量评价

指标	标准	计算方法及说明	分值
生境面积（H_1）	增加	根据代表性的生境，如海岛滩涂湿地、红树林、珊瑚礁、海草床的面积变化和质量变化打分	1
	不变		0.6
	减少		0.2
生境质量（H_2）	上升		1
	不变		0.6
	下降		0.2
综合评价	$0.5\times H_1+0.5\times H_2$		

2. 生物环境

采用定量和半定量分析的方法，分析各生物环境因子的成因及相互间的影响机制等。评价标准主要基于经验判断，并参考当地的历史值制定相应的标准。

1）岛陆生物

用植被覆盖率表示，评价方法见表 9-6。

表 9-6　岛陆生物评价

指标	标准	计算方法及说明	分值
植被覆盖率	≥70%	植被覆盖率（H_1）= 植被面积（km^2）/岛陆总面积（km^2）。岛陆植被包括草被、林地、疏林、果园、灌丛等	1
	30%~70%		0.6
	≤30%		0.2

2）潮间带生物

用潮间带底栖生物量和潮间带底栖生物栖息密度表示，评价方法见表 9- 7。

表 9-7　潮间带生物评价

指标	标准	计算方法及说明	分值
底栖生物量 H_1/（g/m²）	≤400	生物量和栖息密度按取样点取平均值。标准值由全国海岛调查数据平均值范围确定，再根据标准值范围来确定分值	0.4
	400~800		0.7
	≥800		1
底栖生物栖息密度 H_2/（个/m²）	≤450		0.4
	450~900		0.7
	≥900		1
综合评价	$0.5 \times H_1 + 0.5 \times H_2$		

3）海岛周边海域生物

海岛周边海域生物生态评价见表 9-8。

表 9-8　海岛周边海域生物生态评价

指标	标准	计算方法及说明	分值 H_i
叶绿素 a 含量/（mg/m³）	≤0.6	根据上述方法计算指数，依据计算结果打分	0.7
	0.6~1.2		1
	≥1.2		0.4
初级生产力/[mg/(m³·d)]	≤180		0.7
	180~360		1
	≥360		0.4
浮游植物细胞总量/（个/m³）	≤450×10⁴	生物量和栖息密度按取样点取平均值，标准值由全国海岛调查数据平均值范围确定，再根据处于标准值范围来确定分值	0.7
	450×10⁴~900×10⁴		1
	≥900×10⁴		0.4
浮游动物生物量	≤550		0.7
	550~1 100		1
	≥1 100		0.4
游泳动物生物量/[(g/(标准网·潮次)]	≤8 000		0.4
	8 000~16 000		0.7
	≥16 000		1
游泳动物密度/[尾/(标准网·潮次)]	≤18 000		0.4
	18 000~36 000		0.7
	≥36 000		1
底栖生物生物量	≤10		0.4
	10~20		0.7
	≥20		1
底栖生物栖息密度	≤130		0.4
	130~260		0.7
	≥260		1
综合评价	$1/6 \times [H_1 + H_2 + H_3 + H_4 + 0.5 \times (H_5 + H_6 + H_7 + H_8)]$		

4)珍稀物种

分析珍稀物种稀缺性，濒危程度，目前采取的保护措施及成效；根据历史资料和现状资料对比分析珍稀物种种类、数量和分布变化；分析导致变化的人为因素和自然因素。用珍稀物种的变化表示，评价方法见表 9-9。

表 9-9 珍稀物种评价

指标	标准	计算方法及说明	分值
种类数（H_1）	增加	根据珍稀物种种类数和个体数量的增加或者减少打分	1
	不变		0.6
	减少		0.2
个体数量（H_2）	增加		1
	不变		0.6
	减少		0.2
综合评价	$0.5\times H_1+0.5\times H_2$		

3. 综合分析

1)指标权重的确定

指标权重的大小直接影响综合评价的结果，权重值的变化可能引起评价对象的优劣顺序，因此科学地确定指标权重在多指标综合评价中尤为重要。在相互比较后，选用层次分析法(AHP 法)来确定权重(评价方法本书第七章已具体介绍)。

2)指标分值合成

海岛生态评价从海岛非生物环境和生物环境两个方面进行，为了综合的分析非生物环境和生物环境的总体情况，在单个因素分析的基础上，进行指标合成，分别对应于非生物环境综合指标和生物环境综合指标。

(1)非生物环境包括淡水环境质量、海水环境质量、土壤质量、沉积物质量、生物质量和生境质量六部分，分别赋予权重：

$$I_{env} = W_1 I_{淡水} + W_2 I_{海水} + W_3 I_{土壤} + W_4 I_{沉积物} + W_5 I_{生物质量} + W_6 I_{生境质量}$$

式中，$I_{淡水}$、$I_{海水}$、$I_{土壤}$、$I_{沉积物}$、$I_{生物质量}$、$I_{生境质量}$分别代表非生物环境质量的六部分综合评价分值；W_i为权重，依据具体情况酌情给出。

(2)生物环境综合指标包括岛陆、潮间带、海岛周边海域和珍稀物种四部分，分别赋予权重：

$$I_{bio} = W_1 I_{岛陆} + W_2 I_{潮间带} + W_3 I_{周边海域} + W_4 I_{珍稀物种}$$

式中，$I_{岛陆}$、$I_{潮间带}$、$I_{周边海域}$、$I_{珍稀物种}$分别代表生物环境的四部分综合评价分值；W_i为权重，依据具体情况酌情给出。

3)海岛生态系统状态评价指数的确定和评判

由于计算所得的综合指数值往往不符合人们判断“好”和“差”的习惯，因此需要采用级差标准化的方法，将指标的标准化值和综合指数值转换为等级值，即建立评判集与标准化值的概念关联。对应于非生物环境和生物环境指数，首先对各分指标进行规一化处理，然后按照一定的权重进行综合，最终形成非生物环境综合指数和生物环境综合指数两项。为了更加直观地评价海岛生态系统，采用模糊数学中确定隶属函数的方法，本研究设计了一个 0~1 连续尺度的生态系统评价指数 $EI(T)$：

$$EI(T) = W_1 I_{\text{env}} + W_2 I_{\text{bio}}$$

式中：

$EI(T)$——T 时期的生态系统综合评价指数；

I_{env}——非生物环境综合指数；

I_{bio}——生物环境综合指数；

W_i——权重。

定义当 $EI(T)$ 为 0 时，生态系统状况已经完全恶化；当 $EI(T)$ 为 1 时，生态系统处于最佳状态，基本不受人类活动和自然状况影响。采用等间距法将海岛生态状况综合指数划分为五个等级，将 0~1 的连续数之间隔 0.2 由小到大分为五段：0~0.2、0.2~0.4、0.4~0.6、0.6~0.8 和 0.8~1.0，分别对应于生态环境状况很差、差、一般、良、优 5 种状态，见表 9-10，由此确定海岛生态状况处于何种状态。

表 9-10　海岛生态状况与指标对应关系

生活状况	很差	差	一般	良	优
指标值	0.2	0.4	0.6	0.8	1

四、海岛生态系统响应分析

(一)评价指标

社会响应是人类应对海岛生态系统受到人类胁迫的加剧和生态环境效应恶化所做出的响应，以改善海岛生态环境质量，防止海岛生态退化，体现了人们对海岛环境保护的重视。社会响应程度的大小能够反映一个海岛地区生态环境保护投入(包括财力、物力、精力)的大小。通过对响应指标的考察，可以判断这些响应是否足以减轻压力的影响，或者不足以改善海岛生态系统状态的变化。如果响应一栏归于空白，那将是一个非常重要的信息，说明尚未在这一方面采取必要的政策行动。这里主要从污染控制、生态环境管理和生态保护与建设三个方面分析海岛生态系统的社会响应。

(二)评价方法

采用定性评价的方法进行响应力分析。分析人类在对海岛生态系统的污染控制、生态环境管理以及生态保护与建设三方面采取了哪些具体的措施，取得了哪些成效，还存在哪些不足。

第三节　海岛生态足迹评价

1992 年，加拿大生态经济学家雷斯(W. Rees)和魏克内格(M. Wackemagel)共同提出了生态足迹(Ecological footprint)这一概念，并以生物物理量来量度可持续发展状况。经过一段时间的应用实践，生态足迹概念及其模型于 1996 年得到了进一步完善。目前，已有不少国家接受并运用这一可操作的定量方法对其生态足迹进行了量度。

生态足迹的概念 1999 年被引入我国，区域生态足迹研究的实践成果最早见于 2000 年。据《中国生态足迹报告(2008)》，我国学术界研究总体上归为两类：①采用综合法生态足迹模型；②采用组分法生态足迹模型。

我国学者对生态足迹的研究初期大都采用综合法，在国家及省级空间尺度上衡量不同区域的自然资本需求，最初大多集中在对我国西部的研究，现在逐步扩展到了东部地区，同时由省市级尺度扩展到了地区级尺度的研究。另外，我国学者不断探索生态足迹模型的应用领域。如孟海涛等于 2007 年将生态足迹方法应用于围填海评价中，对厦门西海域 1984—2005 年的围填海工程造成的生态承载力的累积性变化做了量化分析。随着研究的深入，我国学者在运用生态足迹评价区域可持续发展水平时，融入时间序列分析方法，分析区域的动态发展。如杨梅焕等核算了西安市 1997—2005 年的生态足迹和生态承载力；赵先贵等建立了生态足迹的预测模型，并预测了陕西省未来的可持续发展趋势。

一、生态足迹的基本概念

本书所指生态足迹指特定数量人群按照某一种生活方式所消费的自然生态各种商品和服务功能以及在这一过程中所产生的废弃物需要环境(生态系统)生产性土地(或水域)面积来表示的一种可操作的定量方法。生态足迹是一个面积概念，且这种面积是全球统一的，没有区域特性的，具有直接的可比较性。

生态足迹反映了人类活动对地球环境的影响，并可用于可持续发展评价。其基本思想是将人类消费需要的自然资产的“利息”(生态足迹)与自然资产产生的“利息”(生态承载力)转化为可以共同比较的土地面积，二者的比较用来判断人类对自然资产的过度利用情况。为此，有个假设前提，可获得资源的年消费量和产生的废物量，大部分资源消费量和废物流量可折算为土地面积，可赋予各种不同类型的土地面积一定的权重，将其转换成一个标准化的全球公顷单位，具有世界平均生产能力。各种土地利用都是排他性的，因而总需求可通过加总各种资源利用与废物吸收的面积，得到总的人类活动占用的利息，与自然提供的利息可直接对比，总需求可超过总供给量。

生态生产性土地是指具有生态生产能力的土地或水体。在传统的生态足迹计算方法中，各类土地之间可以通过均衡因子建立等价关系，从而方便于计算自然资本的总量。生态生产性土地主要分为化石能源地、可耕地、牧草地、森林、建成地和水域六种生物生产面积类型。生态承载力是指生态系统的自我维持、自我调节能力，资源与环境子系统的容纳能力及其可维持的社会经济活动强度和具有一定生活水平的人口数量。一个地区所能提供给人类的生态生产性土地的面积总和被定义为该地区的生态承载力(高吉喜，2001)。

传统生态足迹计算公式如下：

$$EF = N \times ef,$$

$$ef = \sum_{i=1}^{n} (aa_i) = \sum_{i=1}^{n} \left(\frac{C_i}{P_i}\right)$$

式中：

EF ——计算中某一数量人类总的生态足迹；

N ——人口数量；

ef ——人均生态足迹；

aa_i——人均 i 种消费(交易)商品折算的生物生产性土地面积；

i——消费商品(资源)和投入的类型；

P_i—— i 种消费商品的平均生产能力；

C_i——i 种商品的人均消费量。

二、海岛生态足迹实证研究

本研究主要参考李蕾等(2011)将生态足迹模型应用于长岛县海岛生态资源利用评价的内容。

(一)研究区域概况

长岛又称庙岛群岛，是山东省唯一的海岛县，由 32 个岛屿组成，岛屿陆地面积 56 km²，海域面积 8 700 km²，海岸线 146 km。年平均气温 11.9℃，年平均降水量560 mm。长岛县海域辽阔，盛产 30 余种经济鱼类和 200 余种贝藻类水产品，渔业成为长岛县的主要产业之一。长岛县旅游资源十分丰富，是理想的旅游度假胜地。伴随着经济的增长和收入水平的提高，长岛县环境污染、资源过度利用等问题不断显现。其特殊的地理位置和独特的生态系统，要求海岛经济的发展必须在海岛所能承受的人口数量和产业规模的限度内。对长岛的生态足迹进行核算，可以为长岛县的可持续发展提供决策依据。

(二)长岛县生态足迹的计算

2008 年长岛县生态足迹的计算主要有两部分：一是生物资源消费账户；二是能源消费账户。这两类账户的人均消费量采用《长岛县统计年鉴 2008》的数据。生物资源消费账户主要包括农产品、动物产品和水果等几类。在生物资源生态生产性土地面积计算时，采用联合国粮食及农业组织(简称联合国粮农组织)有关生物资源的世界平均产量资料，将各项消费资源或产品的消费折算为实际生态生产性土地的面积以及实际生态足迹的各项组分。长岛县生物资源消费账户见表 9-11。

表 9-11　长岛县生物资源消费账户

生物资源类型	全球平均产量/(kg/hm^2)	人均消费量/(kg/cap)	人均生态足迹/(hm^2/cap)	土地类型
粮食	2 744	66. 1	0. 067 930 758 017	耕地
蔬菜	18 000	52. 0	0. 008 146 666 667	耕地
水果	3 500	24. 1	0. 007 849 714 286	林地
油脂/油	1 856	8. 8	0. 002 560 344 828	草地
猪肉	74	10. 1	0. 073 702 702 703	草地
牛羊肉	33	4. 5	0. 073 636 363 636	草地
禽类	33	0. 9	0. 014 727 272 727	草地
蛋类	400	19. 1	0. 025 785 000 000	草地
水产品	29	20. 6	0. 156 275 862 070	水域
干果	18 000	1. 9	0. 000 120 333 333	林地
奶类	502	2. 1	0. 002 258 964 143	草地

数据来源：人均消费量引自《长岛县统计年鉴 2008》；全球平均产量引自联合国粮农组织的统计数据。

能源消费账户主要包括汽油、柴油、电力和煤炭等。能源消费量转化为化石燃料生产土地面积时，采用世界上单位化石燃料生产土地消耗的热量转化为化石燃料土地面积。长岛县能源消费账户见表 9-12 。

表 9-12　长岛县能源消费账户

化石能源类型	全球平均能源足迹/(GJ/hm^2)	折算系数/(GJ/t)	人均消费量/t	人均生态足迹/(hm^2/cap)	土地类型
煤炭	55	20. 934	0. 630 885 56	0. 273 744 23	化石燃料土地
汽油	93	43. 124	0. 032 472 05	0. 017 165 27	化石燃料土地
柴油	93	42. 705	0. 563 622 03	0. 295 045 22	化石燃料土地
电力	1 000	0. 0083*	1 693. 185 50*	0. 039 911 77	建筑用地

注：火电力的折算系数是根据耗煤 397 g/(kW · h)，再根据每克煤发热量来计算，其单位为 GJ/(kW · h)；火电力的单位为 kW · h 。

数据来源：全球平均能源足迹引自文献(Our ecological footprint：reducing human impact on the earth，1996)；人均消费量引自《长岛县统计年鉴 2006》。

需要说明的是，模型中未进行贸易调整，一方面是因为直接采用长岛县生物资源的人均消费量，而不是生产量数据，因此不需要进行进出口贸易的调整；另一方面因为缺乏长岛县国内贸易量的详细数据，在计算能源消费量时暂不考虑贸易商品中所含的能源贸易量。

在计算生态承载力时，需要用产出因子对生态生产性土地面积进行调整，使得地区间可比，在长岛县生态承载力的计算中，根据长岛县粮食平均产量与世界粮食平均产量的比值得出耕地的产出因子为1.712，由于建筑用地大多占用的是高产量的耕地，所以采用同耕地相同的产出因子，即1.712，其他林地、草地、水域的产出因子受数据资料的限制不能根据产出因子的公式得出，在这里取《中国生态足迹报告》中的相应数据，分别是0.91、0.19和1。

在长岛县生态承载力的计算中，人均建筑用地的面积取同年山东省的人均建筑用地面积。由于长岛县没有大面积的草地分布，所以不予考虑。至于化石原料用地，目前我们国家并没有划出专门的吸收二氧化碳的土地，所以也不予考虑。具体计算结果见表9-13。

表9-13　长岛县生态足迹账户

土地类型	人均生态足迹/(hm^2/cap)	土地类型	人均土地面积/(hm^2/cap)	均衡因子	人均生态承载力/(hm^2/cap)
耕地	0.076 077 42	耕地	0.006 842 33	2.82	0.027 396 63
林地	0.007 970 05	林地	0.001 484 44	1.14	0.001 539 95
建筑用地	0.039 911 77	建筑用地	0.003 2	2.82	0.012 812 78
水域	0.156 275 86	水域	20.179	0.22	4.439 4
化石燃料用地	0.585 954 72	化石燃料用地	0	1.14	0
草地	0.192 670 65	草地	0	0.19	0
总需求足迹	1.058 860 47	总供给面积			4.481 129 37
		生物多样性保护			0.537 735 52
		总生态承载力			3.943 393 84
		生态盈余			2.884 533 37

(三)长岛县生态足迹计算结果

从表9-13可以看出，长岛县的总人均生态足迹约为1.058 9 hm^2，总供给面积约为4.481 1 hm^2，扣除12%的生物多样性的土地面积，剩余即为总生态承载力3.943 4 hm^2，从而得出生态盈余2.884 5 hm^2，说明长岛县的土地需求维持在土地供给的范围之内。但从表9-13可看出除水域外，其他类型的土地均出现生态赤字，说明耕地、林地、建筑用地、化石燃料用地以及草地的土地供给已不足以支撑土地的需求。其中，由于长岛县没有草地的供给，所以其草地的生态需求都需要从外地输入，水域供给占总供给面积的98.9%，其他类型的土地供给仅占1.1%；而人类平均水域足迹需求仅占总需求的14.8%，对其他类型足迹的需求占85.2%，因而，长岛县土地供需结构严重失衡。

从长岛县生态足迹结构图(图9-6)可以看出，2008年能源足迹所占比例最大，为55%。其次为草地、水域、耕地、建筑用地和林地，分别占总需求足迹的18%、15%、7%、4%和1%。这与地方经济发展水平相关，地方经济发展水平越高，能源足迹越大。同时，与长岛县化石燃料用地极为有限相矛盾，其能源需求基本依赖外部输入，经济发展对外部的依赖性很大，如何解决能源供给不足、发展清洁能源成为长岛县实现可持续发展亟须解决的问题。

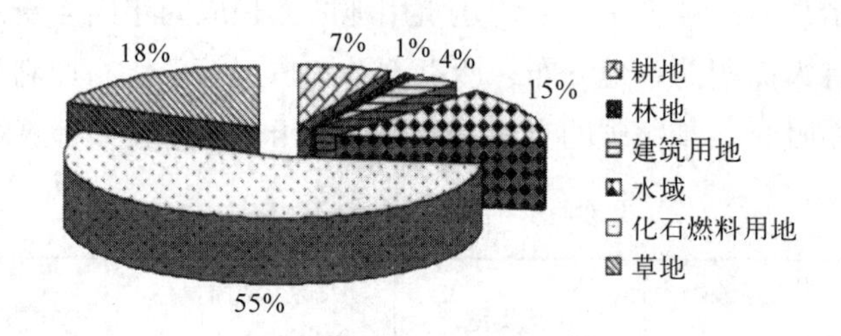

图9-6　长岛县生态足迹结构

万元GDP生态足迹指每万元GDP所占用的生态空间，其值越小，表明生态生产性土地面积的产出率越高，资源利用效率高；反之则利用效率低。长岛县2008年总的生态足迹为45 651.710 3 hm^2，GDP为349 575万元，可得出其万元GDP生态足迹为0.130 6 hm^2，小于全国万元GDP生态足迹1.87 hm^2，一方面说明土地产出率高于全国平均水平，且资源利用效率也很高，这是因为长岛县海域辽阔，具有优越的养殖经济型鱼类的条件；另一方面是由于长岛县的旅游业发达，旅游收入占GDP的比重为28%，但是由于数据资料的限制，在计算中并没有将旅游收入核算在内，使得结果低估。

第四节　海岛生态系统服务价值评价

20世纪60年代以后，随着科学技术的进步，社会经济取得了迅速发展。伴随着人口的增加、生活方式的改变和生活质量水平的提高，人类对自然资源的需求也在一定程度上随之增加。研究表明，60年代人类对自然资源的需求量只相当于地球再生能力的70%。人类为了生存与发展必然要向自然界索取，但索取多少、如何索取却是必须认真思考的问题。然而，人类为了生存在不断地改变其生活方式、提高生活水平，需求更多的自然资源时，却过分强调了自然生态系统的资源与服务功能，忽视或不重视生态系统的还原功能和自调节机制，即只考虑自然资源的供给能力，而不重视自然资源开发利用与环境承载的阈值极限。利用业已掌握的科学技术，在传统的经济发展模式指导下，只注重追求和提高生活水平，对已经消耗过度的自然资源以前所未有的规模和强度进行无节制和不合理的索取，结果是自然资源趋向耗竭，生态环境污染和被破坏程度日趋加重。

20 世纪 70 年代初，人类对自然资源的需求与地球生态系统承载力之间尚处于“持平”的状态。但从 1977 年以后，开始出现赤字，到 20 世纪末(1999 年)全球人类生态足迹就已经超出了地球再生能力的 20%，即人类在 12 个月所消耗的自然资源，地球生物圈需要用 15 个月才能再生。至此，人类赖以生存的生命支持系统开始受到威胁，社会经济持续发展受到制约。早在 20 世纪 50—60 年代，在发达国家就出现了可持续和谐发展的呼声，至 80 年代，在中国也有人认识并提出了这一问题。作为世界性组织，联合国世界环境与发展委员会(The World Commussion of Environment and Development，WCED)于 1987 年发表了报告《我们共同的未来》。该报告从理论上阐述了可持续发展是人类解决环境与发展问题的根本原则，并在实践上提出了比较全面与合理的建议。至此，一个比较系统的全球性可持续发展观和发展战略已基本形成。当时世界各级机构尽管都将可持续发展作为经济发展研究和实践的指导思想，但并没有得到全面落实。

1991 年，世界自然保护联盟(International Union for Conservation of Nature，IUCN)与联合国环境规划署(United Nations Environment Programme，UNEP)等三家机构共同发表了报告《关心地球：一项持续生存的战略》，报告中首次明确提出了人类活动必须限制在地球的承载力之内，否则人类就是否定了自己的未来。所以 1992 年 6 月在巴西里约热内卢召开的包括中国在内共有 183 个国家参与的联合国环境与发展大会上，可持续发展才被广泛地接受，并具体制定了对人类生存和社会经济发展具有非常重要意义的《二十一世纪议程》。各国也都为其社会经济实现可持续发展制定了相应政策。至此，在世界范围内兴起了一场涉及社会、经济、技术和文化等领域深层次的生态革命，由工业文明走向生态文明，由工业经济转向生态经济，人类社会也从工业社会走向生态社会，并由传统的经济发展模式转向生态化发展模式。可持续发展是从生态学角度提出来的一种社会经济发展模式，因此它的设计必须以生态学理论为指导。可持续发展是一个概念，又是人类生存和社会经济发展的战略要求。在实现可持续发展过程中，如何以一种可操作的定量方法予以量度就成了生态经济领域中一个研究热点。为此，不少科学家试图从不同角度建立计算分析模型以期解决这一问题。

海岛生态系统服务功能与生态过程密切相关。而生物及其物种多样性在维持地球生命支持系统中起着非常重要的作用，正是在物种种群、生物群落动态中的物质循环、能量流动以及地球各不同生态系统的共同进化和发展过程中充满了各种生态过程，从而为人类提供了极其丰富的服务。其中，部分服务既可以用货币表示又可以用生物生产性土地或水域来衡量。而某些服务功能不能在市场上买卖，但却具有重要价值(表 9-14)。

表 9-14　海岛生态系统服务内容

序号	生态系统服务	生态系统功能
1	气体调节	大气化学成分调节
2	气候调节	全球温度、降水及其他由生物媒介的全球及地区新气候调节
3	干扰调节	生态系统对环境波动的容量、衰减和综合反应
4	水调节	水文流动调节
5	水供应	水的储存和保持
6	控制侵蚀和保持沉积物	生态系统内的土壤保持
7	土壤形成	土壤形成过程
8	养分循环	养分的储存和获取
9	废物处理	易流失养分的再获取，过多或外来养分、化合物的去除或降解
10	避难所	为常居和迁徙种群提供生境
11	食物生产	总初级生产中可用为食物的部分
12	原材料	总初级生产中可用为原材料的部分
13	基因资源	独一无二的生物材料和产品来源
14	休闲娱乐	提供休闲旅游活动机会
15	文化	提供非商业性用途的机会

表 9-14 可以清楚地反映出，自然生态系统服务功能可以划分为四项：①供给性服务(产品)；②调节性服务；③文化性服务(非物质)；④支持性服务(提供其他生态系统服务所必需的功能)。

一、能值理论概况

在生态系统中，能量由“低能质”转化为“高能质”，由“不稳定态”转化为“稳定态”，经由生物链依次传递。在传递过程中，能量的转化效率仅为10%左右。也就是说，同样蕴含 1 J 能量的肉类和蔬菜消耗的原始能量不同。因此，它们的价值不对等，效能也不可能相同。生态学将这种现象称为“能量壁垒”。“能量壁垒”导致能量流动变得复杂，系统能量分析变得困难。为了打破这一困境，Odum 于 1987 年正式提出“能值”这一概念，并先后将其定义为“一种流动或储存的能量所包含的另一种类别的能量的总量”“产品或劳务形成过程中直接或间接投入应用的一种有效能总量”。在充分认识“能量壁垒”的基础上，Odum 辩证分析能量的数量与质量间的关系，创造性地提出了能值转化率，在不同等级能量间架起了定量转化的桥梁，为不同等级能量间的量化对比分析创造了条件。

为了便于对比分析，能值理论将太阳能作为基准能量，单位为 Solar emergy joule，略写为 Sej。经过量纲统一，系统内不可对比分析的能量、物质、劳务、货币等均以太阳能值的形式展现。单位能值指获得单位产品或服务所消耗的太阳能值，包括能值转换率和能值货币比率，它们可用于衡量形成单位产品或服务所需的环境经济贡献，评估产品或服务的“质量”。其中，能量转换率是指生成单位能量产品所消耗的太阳能值；能值货币比率指单位货币产出所消耗的太阳能值，用一个国家或地区某年的总的能值消耗量除以当年的GDP 得到。通过单位能值可将物质、能量、劳务、货币转换为统一尺度的太阳能，进而分析系统环境的经济功能。经典的能值指标列于表 9–15。

表 9–15 经典能值指标

名称	计算公式	表达含义
能值产出率(NEYR)	Y/F	系统产投比，效率指标，其值越高，系统越具有竞争力
环境负载率(ELR)	$(N+F)/R$	系统运行演替对不可更新资源的依赖程度，是系统资源结构的表征，其值越高，环境压力越大
可持续发展指数(ESI)	$NEYR/ELR$	单位环境压力下系统产出效率，是衡量地区可持续发展能力的复合指标，其值越高，系统可持续能力越强
能值投资率(EIR)	$F/(R+N)$	投资效率的量化指标，其值越高，系统对外界的依赖程度越高

注：公式中，R 为本地可更新资源；N 为本地不可更新资源；F 为外部供给资源；Y 为系统产出能值。

二、海岛生态系统服务能值评价步骤

海岛生态系统服务能值评价需分五步进行，其顺序为资料收集、绘制能量系统图、构建能值指标体系、能量货币化和综合分析结果。

1. 资料收集

确立研究对象为海岛生态系统服务价值后，确定人类从海岛生态系统中获得的各种服务的种类和数量。因为每一种生态系统服务总是会同某种生态系统过程或功能相联系，而这种过程总是同一定的物质、能量、信息流相联系，所以这些物质、能量或信息的具体数量就可以作为量化生态系统服务的数据基础。通过查阅相关资料、实地调研等途径，收集海岛供给、调节、文化、支持四大服务相关的自然环境、地理和社会经济各种资料数据。

2. 绘制能量系统图

按照能量系统语言，将物质、能量、货币、信息和劳务等流动或储存状况标识清楚，用图揭示它们的相互作用。

3. 构建能值指标体系

围绕海岛生态系统特点和分析目标两个方向选取食品生产(供给服务)、气候调节(调节服务)、气体调节(调节服务)、生物控制(调节服务)、教育科研(文化服务)、废弃物处理(支持服务)、物种多样性维持(支持服务)这 7 个能值指标，以便更加翔实、准确地反映系统本质特征和根本困难。

4. 能量货币化

通过前三步工作深入分析能值流和能值指标结果指示的深层次原因，理清影响系统结构、功能和效率的具体因子。将这些收集到的数据与各自的能值转换率相乘，就可以将这些不同类型的数据转换成相同的单位——能值，能值除以能值货币比率，得到能值货币价值，并以此数值作为生态系统服务的价值。

5. 综合分析结果

从多方面提出改进建议，为海岛生态系统优化运行提供切实可行的管控措施和发展策略。能值作为一种以生态系统为中心的量化方法，其核心建立在对生态系统的各种输入分析基础之上，是一种典型的供给者方法。而生态系统服务属于系统的输出，是人类获得的福祉，辨别及量化生态系统服务(生态系统输出)的方法称之为使用者方法。

以海岛生态系统的供给、调节、文化和支持四类服务体系框架为基础，以生态系统的输出(生态系统服务)为出发点，计算海岛生态系统服务的能值货币价值，为运用能值方法(供给者方法)来量化生态系统服务(使用者方法)提供一种新的思路。

三、实证研究

本实证研究内容主要参考赵晟等于 2013 年利用能值理论对舟山海岛生态系统服务价值评估的研究。根据相关公式，对舟山海域的食品生产、气候调节、气体调节、生物控制、教育科研、废弃物处理和物种多样性等服务的能值货币价值进行计算。

(一)资料收集

收集的资料主要包括《舟山统计年鉴 2008》《舟山海域海洋生物志》《舟山渔场渔业资源动态解析》及《东海初级生产力遥感反演及其时空演化机制》等。

(二)海岛生态系统能量系统图

首先确定人类从海域生态系统中获得的各种服务的种类及数量。因为每一种生态系统服务总是会同某种(一个或多个)生态系统过程或功能相联系，而这种过程总是同一定的物质、能量、信息流相联系，所以这些物质、能量或信息的具体数量(比如当衡量供给服务时，用人们获得的产品的产量来衡量)就可以作为量化生态系统服务的数据基础。其次，将这些收集到的数据与各自的能值转换率相乘，就可以将这些不同类型的数据转换成相同的单位——能值，能值除以能值货币比率，得到能值货币价值，并以此数值作为生态系统服务的价值。下面以海域生态系统的供给、调节、文化和支持四类服务为基础，构建生态系统服务的能值货币价值评估方法(图 9-7)。

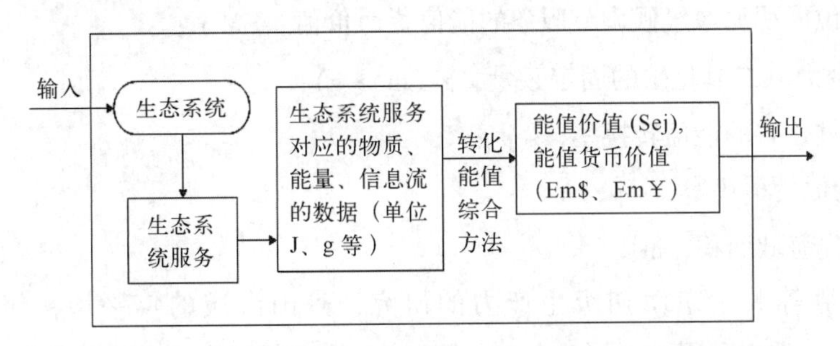

图 9-7　基于能值综合方法的海岛生态系统服务价值评估框架图

(三)指标体系构建及能值货币化

1. 食品生产(供给服务)

食品生产是指海域生态系统为人类提供可食用产品的服务。食品生产服务具体包括提供各种海产鱼类、贝类、蟹类、虾类、头足类、棘皮类、大型和微型藻类以及其他可食用的海产食品。其计算公式为

$$V_{\mathrm{f}} = \left(\frac{Q \times T_{\mathrm{s}}}{E_{\mathrm{mr}}}\right) \Big/ S_{\mathrm{o}}$$

式中：

V_{f}——单位面积海域食品生产服务的能值货币价值，Em￥；

Q——研究海域海产品的产量，t；

T_{s}——海产品的能值转化率，sej/t；

E_{mr}——能值货币比率，sej/＄；

S_{o}——研究海域的面积，m^2。

2007 年舟山市海水养殖总产量为 115 861 t(《舟山统计年鉴 2008》)，海产品能值转换率 3.35×10^6 Sej /J，根据上式计算得到单位面积海域食品生产的能值货币价值为0.046 2Em￥/m^2。

2. 气候调节(调节服务)

海域生态系统对气候的调节服务主要体现在对大气中温室气体含量的调节，全球众多

研究均表明，二氧化碳对全球气温升高的贡献居各种温室气体之首。Melillo 等的研究显示二氧化碳的这一贡献高达 70%。所以在评估海岛生态系统的气候调节服务时，主要考虑海域生态系统对大气中二氧化碳含量的调节服务。其计算公式为

$$V_c = \left(\frac{C \times T_c}{E_{mr}}\right) \Big/ S_o$$

式中：

V_c——单位面积海域气候调节服务的能值货币价值，EM ¥；

C——研究海域二氧化碳的固定数量，g/(m^2 · a)；

T_c——二氧化碳的能值转换率，sej/g;

E_{mr}——能值货币比率，sej/ $；

S_o——研究海域面积，m^2。

根据李国胜等关于东海初级生产力的研究，舟山海域的年平均初级生产力大于 400 g/(m^2 · a)，本文采用 400 g/(m^2 · a)作为舟山海域初级生产力的最低保守值，则每年单位面积固定二氧化碳量为 400 g/(m^2 · a)，二氧化碳能值转换率为 8.85×10^7 Sej/g，根据上式计算气候调节的能值货币价值为 3.96×10^8 Em ¥，单位面积海域气候调节的能值货币价值为 0.019 1 Em ¥/m^2。

3. 气体调节(调节服务)

该服务评估主要考虑海域生态系统对二氧化碳的吸收和初级生产者通过光合作用产生氧气对维持大气化学组分稳定的价值。其中，对二氧化碳吸收的价值在气候调节服务中已经计算，故在此只考虑产生氧气的能值价值。其计算公式为

$$V_a = \left(\frac{Q_{o_2} \times T_{o_2}}{E_{mr}}\right) \Big/ S_o$$

式中：

V_a——单位面积海域气体调节服务的能值货币价值，Em ¥；

Q_{o_2}——研究海域产生的氧气量，g/(m^2 · a)；

T_{o_2}——氧气的能值转化率，sej/g;

E_{mr}——能值货币比率，sej/ $；

S_o——研究海域的面积，m^2。

根据李国胜等的研究结果，舟山海域的年平均初级生产力大于 400 g/(m^2 · a)，本文采用 400 g/(m^2 · a)作为舟山海域初级生产力的最低保守值，则每年单位面积释放氧气 292 g/(m^2 · a)，氧气能值转换率为 8.65×10^7 Sej/g，根据上式计算气体调节的能值货币价值为 2.83×10^8 Em ¥，单位面积海域气体调节能值货币价值为 0.013 6 Em ¥/m^2。

4. 生物控制(调节服务)

海域生态系统的生物控制服务正常发挥作用时，人们不易察觉。只有当这一服务被削弱或受损时，才会有明显的感受(如赤潮发生等)。可以通过渔业资源最大可持续产量来评估这一服务价值。在海域生态系统物质循环和能量流动中，各营养级生物存在“上行效应”和“下行效应”。此方法正是利用较低营养级生物对渔业资源发挥的调控作用，来评估整个海域生态系统的生物控制服务价值。这一方法的基础是基于渔业的资源量评估，较低营养级生物对渔业资源所发挥的调控作用价值至少是潜在渔业资源量价值的30%。其计算公式为

$$V_{bc}=\left(\frac{Q_{pc}\times T_{f}\times 30\%}{E_{mr}}\right)\Big/ S_{o}$$

式中：

V_{bc}——单位面积海域生物控制服务的能值货币价值，Em￥；

Q_{pc}——研究海域潜在渔业资源量，t；

T_{f}——渔获物的能值转化率，sej/t；

E_{mr}——能值货币比率，sej/＄；

S_{o}——研究海域的面积，m^2。

根据倪海儿等的研究结果，舟山海域最大可持续渔业资源量为48.667 8×10 ^{4}t/a，海产品能值转换率为3.35×10^6 Sej/J，根据上式计算生物控制的能值货币价值为4.04×10^9 Em￥，单位面积海域生物控制能值货币价值为0.194 2 Em￥/m^2。

5. 教育科研(文化服务)

海域生态系统的教育科研价值体现在通过开展海洋科学研究、普及海洋知识、培养海洋人才等教育科研活动所带来的国民经济的增长和人民福利的提高。从海洋基础理论研究和软科学研究及海洋教育两个方面来评估海域生态系统的教育科研价值。其计算公式为

$$V_{s}=\left(\frac{Q_{s}\times T_{s}}{E_{mr}}\right)\Big/ S_{o}$$

式中：

V_{s}——单位面积海域海洋教育能值货币价值，Em￥；

Q_{s}——涉及研究海域的论文数量与研究海域高校海洋相关专业在校学生人数之比；

T_{s}——论文的能值转化率与学生能值转化率之比；

E_{mr}——能值货币比率；

S_{o}——研究海域的面积，m^2。

在中国期刊文献数据库中，以舟山海域为主题词检索2006—2010年5年期间发表的学术论文，检索结果共计2 466篇，平均每年493.2篇，以这些学术论文的能值货币价值作为海洋基础理论研究的服务价值，论文的能值转换率1.17×10^{18} Sej/篇，根据上式计算

单位面积海域的海洋基础研究能值货币价值为 0.015 0 Em ¥/m^2。

根据舟山市统计年鉴，2007 年舟山高校海洋相关专业在校学生人数为 17 783 人，学生的能值转换率 4.79×10^{17} Sej/人，根据上式计算海洋教育的能值货币价值为 4.58×10^{9} Em ¥，单位面积海域的海洋教育能值货币价值为 0.220 3 Em ¥/m^2。上述两项代表了教育科研的服务价值，小计为 4.89×10^{9} Em ¥，单位面积海域教育科研能值货币价值为 0.235 2 Em ¥/m^2。

6. 废弃物处理(支持服务)

海域生态系统的废弃物处理功能主要是指其对各种排海废弃物的降解、转化和消除的能力。这些废弃物主要是人类活动产生的各种排海废水。根据我国多年的海洋环境质量公报，均表明无机氮和活性磷酸盐始终是我国海域的主要污染物。海域生态系统中的浮游藻类，在初级生产的同时，可以吸收固定海水中的氮和磷，对处理氮、磷等污染物发挥作用。因此，这里考虑浮游植物吸收氮、磷的量作为计算基础数据。其计算公式为

$$V_{\omega} = \left(\frac{Q_{\omega} \times T_{\omega}}{E_{mr}}\right) \Big/ S_{o}$$

式中：

V_{ω}——单位面积海域废弃物处理服务的能值货币价值，Em ¥；

Q_{ω}——研究海域浮游植物吸收氮(磷)的数量，g/(m^2·a)；

T_{ω}——氮(磷)的能值转化率，sej/g；

E_{mr}——能值货币比率，sej/$；

S_{o}——研究海域的面积，m^2。

Redfield 等的研究发现，浮游植物是按一定比例从海水中吸收氮、磷等生源要素的。这一比例为 C∶N∶P = 106∶16∶1，即浮游植物固定 106 mol 碳的同时还吸收了 16 mol 的氮和 1 mol 的磷。根据舟山海域初级生产固定碳量 400 g/(m^2·a)，即可得出浮游植物吸收的氮、磷量分别为 70.44 g/(m^2·a)和 9.75 g/(m^2·a)。氮、磷的能值转换率分别为 1.51×10^{9} Sej/g 和 1.36×10^{10} Sej/g，根据上式计算废弃物处理的能值货币价值为 2.67×10^{9} Em ¥，单位面积海域废弃物处理的能值货币价值为 0.128 5 Em ¥/m^2。

7. 物种多样性维持(支持服务)

海域生态系统通过其组分与生态过程维持物种多样性水平的服务。这一服务主要包括海域生态系统维持自身物种组成、数量的稳定，为系统内物质循环和能量流动提供生物载体，并对其他服务的供给提供支撑。其计算公式为

$$V_{d} = \left(\frac{Q_{d} \times T_{d}}{E_{mr}}\right) \Big/ S_{o}$$

式中：

V_d——单位面积海域物种多样性维持的能值货币价值，Em￥；

Q_d——研究海域物种种类数量，种；

T_d——物种的能值转化率，sej/种；

E_{mr}——能值货币比率，sej/＄；

S_o——研究海域的面积，m^2。

舟山海域海洋生物种类共 1 163 种(《舟山海域海洋生物志》)，海洋生物能值转换率 1.64×10^{19} Sej/种，根据上式计算得到物种多样性维持的能值货币价值为 1.03×10^{10} Em￥，单位面积海域的物种多样性维持的能值货币价值为 0.929 Em￥/m^2。

(四)综合结果分析

从表 9-16 中可见，舟山海域单位面积生态系统服务的能值货币价值为 1.129 7 Em￥/m^2。其中，支持服务最大，其值为 0.621 4 Em￥/m^2，占总价值的 55.00%，说明支持服务是舟山海域最主要的生态系统服务。其次是文化服务，为 0.235 2 Em￥/m^2，占总价值的 20.82%；调节服务为 0.226 9 Em￥/m^2，占总价值的 20.08%；供给服务相对比较小，只有 0.046 2 Em￥/m^2，占总价值的 4.09%。

表 9-16　舟山海域生态系统服务能值价值

海岛生态系统服务		原始数据	能值转化率/(Sej/unit)	能值/Sej	能值价值/(Em￥/a)	单位面积能值价值/(Em￥/m^2)	价值比例(%)
供给服务	食品生产	5.33×10^{14} J	3.35×10^{6}	1.79×10^{21}	9.62×10^{8}	0.046 2	4.09
调节服务	气候调节	8.32×10^{12} g	8.85×10^{7}	7.37×10^{20}	3.96×10^{8}	0.019 1	1.69
	气体调节	6.07×10^{12} g	8.65×10^{7}	5.26×10^{20}	2.83×10^{8}	0.013 6	1.20
	生物控制	2.24×10^{15} J	3.35×10^{6}	7.51×10^{21}	4.04×10^{9}	0.194 2	17.19
文化服务	科研论文	493.2 篇	1.17×10^{18}	5.78×10^{20}	3.11×10^{8}	0.015 0	1.32
	海洋教育	1 778 3 人	4.79×10^{17}	8.51×10^{21}	4.58×10^{9}	0.220 3	19.50
支持服务	营养元素 N	1.47×10^{12} g	1.51×10^{9}	2.21×10^{21}	1.19×10^{9}	0.057 2	5.06
	营养元素 P	2.03×10^{11} g	1.36×10^{10}	2.75×10^{21}	1.48×10^{9}	0.071 3	6.31
	物种多样性	1 163 种	1.64×10^{19}	1.91×10^{22}	1.03×10^{10}	0.492 9	43.63
合计				4.37×10^{22}	2.35×10^{10}	1.129 7	100

注：能值货币比率：$1.208\ 0\times10^{13}$ Sej/＄，人民币对美元汇率：1 美元=6.5 元。

近年来，舟山市初步形成了以临港工业、港口物流、海洋旅游、现代海洋渔业等以“海”为核心的开放型经济体系。可以预见，未来舟山海域生态系统将面临更多的来自人类经济系统的压力，对其服务价值进行量化，可以使人们充分认识和理解海域生态系统服务对人类发展的重要性，为海洋资源可持续利用、政府管理决策和舟山群岛新区海洋经济发展提供有价值信息。从宏观角度来说，服务价值量化可以让我们进一步认识到海域生态系统对于人类发展的重要性，在制定区域经济社会发展规划中认识到海洋环境问题的重要性。从微观角度来说，可以使我们更好地了解具体的涉海工程实施所带来的全部成本和效益。对生态系统服务价值进行全面的量化，可以促进决策者更好地管理生态系统，使其不断地提供有价值的产品和服务。

附录1　海岛调查技术流程

本部分编写以第二次全国海岛资源综合调查总则为基础，具体分为一般要求、调查准备、调查作业、资料处理、报告编写、资料归档和成果鉴定与验收的基本要求(附图1)。适用于全国海岛资源综合调查的组织管理。

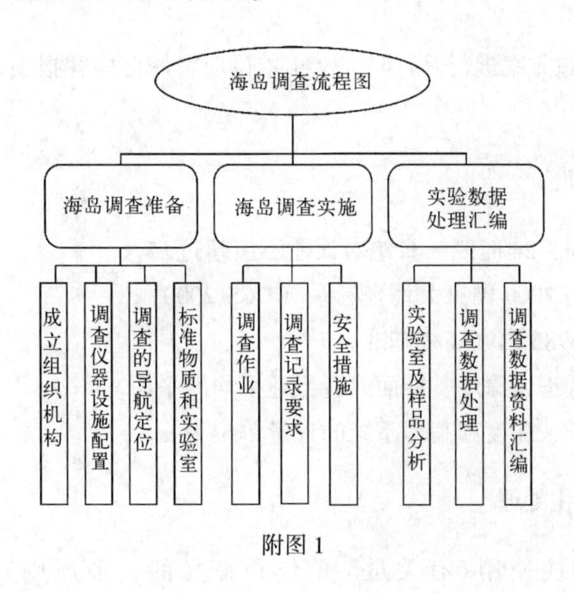

附图1

一、海岛调查一般要求

(一)实施方案的制定与报批

1. 承担单位应制定所承担任务的实施方案

实施方案的制定依据包括：国家有关法律、法规、规定；现行有效的技术标准；海岛调查任务合同书和技术规程。

2. 实施方案编写大纲

大纲编写包括八个部分：任务描述；技术设计；技术路线；进度安排；条件保证；质量管理；安全措施；经费预算。

3. 编写说明

技术设计和技术路线的内容应结合所承担的海岛调查具体任务。调查项目主要包括站点和测线布设原则，调查资料处理、样品分析测试方法、成果图件编绘和调查报告编写方法等。

承担单位应按规定的时间将实施方案报项目委托方审批，其中航行(或飞行)计划应按时向船舶(或飞机)主管部门申报。在任务实施过程中，承担单位应严格执行批准后的实施方案。

当确实需要对实施方案进行修订时，承担单位应将修订内容报项目委托方批准后，才能实施。

(二)数据基础标准

(1)采用北京时间，24 时制。日绝对误差不应超过±5 s。

(2)坐标系统采用 2000 国家大地坐标系(CGCS 2000)。

(3)高程基准为 1985 国家高程基准。

(4)深度基准采用理论深度基准面或者当地平均海平面。

(5)平面坐标系统、深度和高程系统的计量单位为 m。

(三)计量及标准化处理

(1)所有资料都应使用《有关量、单位和符号的一般原则》(GB 3101—1993)、GB 3102—1993 系列标准所给出的国家法定计量单位，禁止使用国家明令废止的计量单位。

(2)所有资料的数学符号应按《物理科学和技术中使用的数学符号》(GB 3102. 11—1993)的规定执行。

(3)数据的有效数字按《海洋监测规范　第 2 部分：数据处理与分析质量控制》(GB 17378. 2—2007)的规定执行。

(4)所有资料应使用规范汉字，正确使用标点符号。

(四)图件

(1)具有共性要求的任务宜采用统一的工作底图，并尽量与调查任务相统一。

(2)工作底图比例尺按实际需要和有关规定确定，并在本调查技术规程相应部分明确。

(3)按测绘国家标准、行业标准的有关规定标出图廓、公里网、图名、指北针、比例尺、坐标系和投影方式等要素。

(4)必须标出制图数据的采集时间、地点、使用的设备、采用的手段等情况及制图单位、制图人、时间和地点等信息。

二、海岛资源综合调查技术流程

(一)海岛调查准备

1. 成立组织机构

1)确定调查项目负责人

调查项目负责人任职条件：具有与调查任务相符的业绩和良好的组织领导能力；掌握本学科的基本理论、专业知识，能正确解释调查结果中出现的现象；熟悉国家相关法律、法规，具有较强的质量意识；具备高级专业技术职称。

调查项目负责人工作职责：全面负责本单位所承担的专项任务，具体包括调查任务的组织、实施和资源配置、质量管理，保证按时完成专项任务合同书中的任务。

2)根据需要还可任命航次首席科学家

航次首席科学家任职条件：应取得由合法资质机构颁发的且与调查任务相符的岗位资质证书，具备高级专业技术职称；应掌握本航次重点学科的基础理论、专业知识与主要专业操作技能，能正确处理调查作业中出现的问题；应熟悉国家相关法律、法规，具有较强的质量意识。

航次首席科学家工作职责：全面负责每个航次所承担的调查任务，具体包括调查活动的技术领导，质量计划的实施，确保技术规程的正确实施和调查结果的完整性、准确性和代表性，以保证调查任务完成奠定技术基础。

3)建立组织机构

由调查项目负责人(或航次首席科学家)按照保持调查内容完整性的原则，将总体任务(或航次任务)分解为按专业任务和过程界定的岗位，建立本单位所承担项目的组织机构。

4)选配调查人员

按以下任职条件和工作职责要求选配调查人员。

调查人员任职条件：应取得由合法资质机构颁发的与调查项目相符的岗位资质证书，能胜任调查工作，坚守岗位，尽职尽责。

调查人员工作职责：执行专项技术规程有关分册的要求、方法和程序，按时完成本职岗位调查任务，确保程序正确和结果准确可靠。

2. 调查仪器设备配置

(1)技术设计时应进行测量准确度估算(应考虑测量全过程中，仪器设备测量误差和其他来源误差的合成)，保证最终测量结果技术指标满足调查任务的要求。

(2)仪器设备和标准物质的管理按《计量认证/审查认可(验收)评审准则》的要求执行。

(3)调查仪器设备的运输、安装、布放、操作、维护，应按其使用说明书的规定进行。

(4)调查前由专项任务负责人组织对调查仪器设备、标准物质按上述条件逐一检查，并登记备案。

3. 调查的导航定位

(1)海岛资源调查的导航定位设备一般为差分全球定位系统(DGPS)，DGPS 应符合国家标准《差分全球定位系统(DGPS)技术要求》(GB/T 17424—2009)的要求。

(2)导航定位设备应按规定定期进行校准和性能测试，标定其系统参数。

(3)导航定位准确度应符合调查项目的要求，推荐定位准确度优于 1 m。

4. 标准物质

调查中使用的标准物质应满足《海洋调查规范　第 1 部分：总则》(GB/T 12763. 1—2007)中的 8. 2 节的要求。

5. 实验室

实验室(包括固定的、移动的、临时的实验室及观测场、作业场)应满足样品检测分析、资料整理加工等工作质量、环保和安全的要求，并建立行之有效的内部管理规章制度。

(二)海岛调查的实施

1. 调查作业

(1)调查作业应严格执行相关技术规程相应章节的要求和程序。

(2)调查记录的内容至少应包括要素名称、调查海区、调查海岛、调查时间、测线和站位(观测点)、层次、编号及样品状态、使用的仪器设备等现场作业概况及所发生的突发事件和异常现象等信息。

(3)值班日志由值班人员填写，确保内容真实、完整，更改必须遵守有关记录更改的文件规定。交接班时应由接班人员核验；航次首席科学家应定期检查。

2. 调查记录要求

(1)应能真实、准确、及时、完整地记录调查实施过程中的全部活动信息。

(2)记录的内容、格式应统一、规范、简明。

(3)所有记录应具有唯一性标识，便于归档、检索。

(4)记录应有操作人员与校对人员的签名。

3. 安全措施

应制定具体明确的人身、仪器和资料的安全保障措施，建立安全岗位责任制和必要的奖惩制度。特别应规定在大风大浪、夜间、雷暴和雨雪等恶劣天气下工作及遇到特殊情况(如船舶碰撞、火灾、海啸等灾害)时采取的应急安全措施。

(三)实验及数据处理汇编

1. 实验室样品分析测试

按相应国家标准和相关技术规程执行。

2. 调查数据处理

(1)调查数据的质量检验、测值修正及测量结果的计算和导出方法，应满足《海洋调查规范》(GB/T 12763)相应规范的相应条款和相关技术规程的规定。

(2)数据处理及导出量计算均应按《中华人民共和国法定计量单位使用方法》正确使用法定计量单位。

(3)调查资料的电子载体原件应归档保存，资料处理时应使用其复制品。

3. 调查数据资料汇编

1)数据资料汇编

专项任务负责人应及时组织专业技术人员将调查的现场作业与室内测试资料按调查顺序、调查航次、调查海岛进行数据处理汇总。

2)汇编要求

调查资料汇编、图件及声像资料上的数字、线条、符号应准确、清楚、端正、规格统一、注记完整、颜色鲜明。

调查资料汇编应附数据转换(或反演)、发现并剔除坏值、系统误差修正、对影响量的订正、导出量及内插值计算、测量要素分布函数推导及相关量比较等方法的说明，附以对各要素的数据进行准确度及离散性检查的结果。

绘制的图件、声像资料应由相应水平的科技人员进行检查，由不低于编制者水平的其他科技人员进行复核，并对不恰当的地方进行必要的修改并签字。

附录2　海岛植被图图例

植被	植被型组	植被型	图例式样	颜色(RGB)
天然植被	Ⅰ针叶林	1 落叶针叶林	(Ⅰ1)	51，153，102
		2 常绿针叶林	(Ⅰ2)	0，128，128
	Ⅱ阔叶林	1 落叶阔叶林	(Ⅲ)	220，255，220
		2 常绿阔叶林	(Ⅱ2)	200，255，200
		3 落叶阔叶常绿阔叶混交林	(Ⅱ3)	180，255，180
		4 落叶季雨林	(Ⅱ4)	160，255，160
		5 常绿季雨林	(Ⅱ5)	140，255，140
	Ⅲ红树林	1 海滩红树林	(Ⅲ1)	255，100，150
		2 海岸半红树林	(Ⅲ2)	230，145，185
	Ⅳ竹林	1 散生型竹林	(Ⅳ1)	180，240，220
		2 丛生型竹林	(Ⅳ2)	160，240，200
		3 混合型竹林	(Ⅳ3)	140，240，180
	Ⅴ灌丛	1 落叶灌丛	(Ⅴ1)	130，220，70
		2 常绿灌丛	(Ⅴ2)	150，220，80
		3 刺灌丛	(Ⅴ3)	170，220，90
	Ⅵ草丛	1 草丛	(Ⅵ1)	220，200，0
		2 灌草丛	(Ⅵ2)	240，220，0
		3 稀树草丛	(Ⅵ3)	250，240，100
	Ⅶ滨海盐生植被	1 肉质盐生植被	(Ⅶ1)	170，60，255
		2 禾草型盐生植被	(Ⅶ2)	190，70，255
		3 杂类草型盐生植被	(Ⅶ3)	210，130，255
	Ⅷ滨海沙生植被	1 草本沙生植被	(Ⅷ1)	255，153，204
		2 木本沙生植被	(Ⅷ2)	255，194，204
	Ⅸ沼生水生植被	1 沼生植被	(Ⅸ1)	180，220，255
		2 水生植被	(Ⅸ2)	153，204，255
人工植被	Ⅹ木本栽培植被	1 经济林	(Ⅹ1)	255，255，195
		2 防护林	(Ⅹ2)	255，255，125
		3 果园	(Ⅹ3)	255，255，55
	Ⅺ草本栽培植被	1 农作物群落	(Ⅺ1)	204，255，140
		2 特用经济作物群落	(Ⅺ2)	204，255，85
		3 草本型果园	(Ⅺ3)	204，255，30

附录3　第二次全国海岛资源综合调查土壤分类表

<table>
<tr><th>土纲</th><th>亚纲</th><th>土类</th><th>亚类</th></tr>
<tr><td rowspan="4">铁铝土</td><td rowspan="3">湿热铁铝土</td><td>砖红壤</td><td>砖红壤、黄色砖红壤</td></tr>
<tr><td>赤红壤</td><td>赤红壤、黄色赤红壤、赤红壤性土</td></tr>
<tr><td>红壤</td><td>红壤、黄红壤、棕红壤、山原红壤、红壤性土</td></tr>
<tr><td>湿暖铁铝土</td><td>黄壤</td><td>黄壤、漂洗黄壤、表潜黄壤、黄壤性土</td></tr>
<tr><td rowspan="8">淋溶土</td><td rowspan="2">湿暖淋溶土</td><td>黄棕壤</td><td>黄棕壤、暗黄棕壤、黄棕壤性土</td></tr>
<tr><td>黄褐土</td><td>黄褐土、黏盘黄褐土、白浆化黄褐土、黄褐土性土</td></tr>
<tr><td>湿温暖淋溶土</td><td>棕壤</td><td>棕壤、白浆化棕壤、潮棕壤、棕壤性土</td></tr>
<tr><td rowspan="2">湿温淋溶土</td><td>暗棕壤</td><td>暗棕壤、灰化暗棕壤、白浆化暗棕壤、草甸暗棕壤、潜育暗棕壤、暗棕壤性土</td></tr>
<tr><td>白浆土</td><td>白浆土、草甸白浆土、潜育白浆土</td></tr>
<tr><td rowspan="3">湿寒温淋溶土</td><td>棕色针叶林土</td><td>棕色针叶林土、灰化棕色针叶林土、白浆化棕色针叶林土、表潜棕色针叶林土</td></tr>
<tr><td>漂灰土</td><td>漂灰土、暗漂灰土</td></tr>
<tr><td>灰化土</td><td>灰化土</td></tr>
<tr><td rowspan="5">半淋溶土</td><td>半湿热半淋溶土</td><td>燥红土</td><td>燥红土、淋溶燥红土、褐红土</td></tr>
<tr><td>半湿温暖半淋溶土</td><td>褐土</td><td>褐土、石灰性褐土、淋溶褐土、潮褐土、塿土、燥褐土、褐土性土</td></tr>
<tr><td rowspan="3">半湿温半淋溶土</td><td>灰褐土</td><td>灰褐土、暗灰褐土、淋溶灰褐土、石灰性灰褐土、灰褐土性土</td></tr>
<tr><td>黑土</td><td>黑土、草甸黑土、白浆化黑土、表潜黑土</td></tr>
<tr><td>灰色森林土</td><td>灰色森林土、暗灰色森林土</td></tr>
</table>

续表

土纲	亚纲	土类	亚类
初育土	土质初育土	黄绵土	黄绵土
		红黏土	红黏土、积钙红黏土、复盐基红黏土
		新积土	新积土、冲积土、珊瑚砂土
		龟裂土	龟裂土
		风沙土	风沙土、荒漠风沙土、草原风沙土、草甸风沙土、滨海风沙土
		粗骨土	酸性粗骨土、中性粗骨土、钙质粗骨土、硅质粗骨土
		石灰(岩)土	红色石灰土、黑色石灰土、棕色石灰土、黄色石灰土
		火山灰土	火山灰土、暗火山灰土、基性岩火山灰土
	石质初育土	紫色土	酸性紫色土、中性紫色土、石灰性紫色土
		磷质石灰土	磷质石灰土、硬磐磷质石灰土、盐渍磷质石灰土
		石质土	酸性石质土、中性石质土、钙质石质土、含盐石质土
半水成土	暗半水成土	草甸土	草甸土、石灰性草甸土、白浆化草甸土、潜育草甸土、盐化草甸土、碱化草甸土
	淡半水成土	潮土	潮土、灰潮土、脱潮土、湿潮土、盐化潮土、碱化潮土
		砂姜黑土	砂姜黑土、石灰性砂姜黑土、盐化砂姜黑土、碱化砂姜黑土
		山地草甸土	山地草甸土、山地草原草甸土、山地灌丛草甸土
水成土	矿质水成土	沼泽土	沼泽土、腐泥沼泽土、泥炭沼泽土、草甸沼泽土、盐化沼泽土
	有机水成土	泥炭土	低位泥炭土、中位泥炭土、高位泥炭土
盐碱土	盐土	草甸盐土	草甸盐土、结壳盐土、沼泽盐土、碱化盐土
		滨海盐土	滨海盐土、滨海沼泽盐土、滨海潮滩盐土
		酸性硫酸盐土	酸性硫酸盐土、含盐酸性硫酸盐土
		漠境盐土	漠境盐土、干旱盐土、残余盐土
		寒原盐土	寒原盐土、寒原草甸盐土、寒原硼酸盐土、寒原碱化盐土
	碱土	碱土	草甸碱土、草原碱土、龟裂碱土、盐化碱土、荒漠碱土
人为土	人为水成土	水稻土	潴育水稻土、淹育水稻土、渗育水稻土、潜育水稻土、脱潜育水稻土、漂洗水稻土、盐渍水稻土、咸酸水稻土
	灌耕土	灌淤土	灌淤土、潮灌淤土、表锈灌淤土、盐化灌淤土
		灌漠土	灌漠土、灰灌漠土、潮灌漠土、盐化灌漠土

附录4 我国红树林名录

我国真红树林植物名录

科 名	种 名
红树科 Rhizophoraceae	木榄 *Bruguiera gymnorrhiza*
	海莲 *B. sexangula*
	尖瓣海莲 *B. s.* var. *rhynochopetala*
	角果木 *Ceriops tagal*
	秋茄 *Kandelia obovata*
	红树 *Rhizophora apiculata*
	红海榄 *R. stylosa*
卤蕨科 Acrostichaceae	卤蕨 *Acrostichum aureurm*
	尖叶卤蕨 *A. speciosum*
爵床科 Acanthaceae	小花老鼠簕 *Acanthus ebracteatus*
	老鼠簕 *A. ilicifolius*
使君子科 Combretaceae	红榄李 *Lumnitzera littorea*
	榄李 *L. racemosa*
大戟科 Euphorbiaceae	海漆 *Excoecaria agallocha*
楝科 Meliaceae	木果楝 *Xylocarpus granatum*
紫金牛科 Myrsinaceae	桐花树 *Aegiceras corniculatum*
棕榈科 Palmae	水椰 *Nypa fruticans*
茜草科 Rubiaceae	瓶花木 *Scyphiphora hydrophyllacea*
海桑科 Sonneratiaceae	杯萼海桑 *Sonneratia alba*
海桑 *S.* caseolaris	海南海桑 *S. xhainanensis*
	卵叶海桑 *S. ovata*
	拟海桑 *S. xguingai*
马鞭草科 Verbenaceae	白骨壤 *Avicennia marina*

我国半红树植物名录

科　名	种　名
梧桐科 Sterculiaceae	银叶树 *Heritiera littoralis*
玉蕊科 Barringtoniaceae	玉蕊 *Barringtonia racemosa*
夹竹桃科 Apocynaceae	海檬果 *Cerbera manghas*
紫薇科 Bignoniaceae	海滨猫尾木 *Dolichandrone spathacea*
菊科 Compositae	阔苞菊 *Pluchea indica*
莲叶桐科 Hernandiaceae	莲叶桐 *Hernandia nymphiifolia*
蝶形花科 Papilionaceae	水黄皮 *Pongamia pinnata*
千屈菜科 Lythraceae	水芫花 *Pemphis acidula*
锦葵科 Malvaceae	黄槿 *Hibiscus tiliaceus*
	杨叶肖槿 *Thespesia populnea*
马鞭草科 Verbenaceae	钝叶臭黄荆 *Premna obtusifolia*
	苦郎树 *Clerodendrum inerme*

参考文献

安晓华, 2003. 珊瑚礁及其生态系统的特征[J]. 海洋信息(3): 19-21.

曹伟, 李涛, 2009. 水运工程对海洋生态系统的影响[J]. 中国资源综合利用, 27(11): 26-29.

陈彬, 俞炜炜, 2006. 海岛生态综合评价方法探讨[J]. 应用海洋学学报, 25(4): 566-571.

陈辉, 厉青, 杨一鹏, 等, 2012. 基于分形模型的城市空气质量评价方法研究[J]. 中国环境科学, 32(5): 954-960.

陈金华, 秦耀辰, 何巧华, 2007. 自然灾害对海岛旅游安全的影响研究——以平潭岛为例[J]. 未来与发展, 28(8): 62-65.

方力行, 1989. 珊瑚学: 兼论台湾的珊瑚资源[M]. 台湾: 台湾“教育部”大学联合出版委员会.

冯士筰, 李凤岐, 李少菁, 1999. 海洋科学导论[M]. 北京: 高等教育出版社.

冯永忠, 杨改河, 王得祥, 等, 2009. 近40年来江河源区草地生态压力动态分 [J]. 生态学报, 29(1): 492-497.

高波, 2007. 基于DPSIR模型的陕西水资源可持续利用评价研究[D]. 西安: 西北工业大学.

高吉喜, 2001. 可持续发展理论探索[M]. 北京: 中国环境科学出版社.

高俊国, 刘大海, 2007. 海岛环境管理的特殊性及其对策[J]. 海洋环境科学, 26(4): 397-400.

郭显光, 1998. 改进的熵值法及其在经济效益评价中的应用[J]. 系统工程理论与实践, 18(12): 98-102.

国家海洋局海岛管理司, 2011. 海岛生态整治修复技术指南[Z]. 北京: 国家海洋局.

国家海洋局科技司, 2006. 海洋灾害调查技术规程[M]. 北京: 海洋出版社.

国家海洋局908专项办公室, 2005. 海岸带调查技术规程[M]. 北京: 海洋出版社.

国家海洋局908专项办公室, 2005. 海岛调查技术规程[M]. 北京: 海洋出版社.

国家海洋局908专项办公室, 2005. 海岛海岸带卫星遥感调查技术规程[M]. 北京: 海洋出版社.

国家海洋局908专项办公室, 2011. 海岛界定技术规程[M]. 北京: 海洋出版社.

国家海洋局908专项办公室, 2006. 海洋生物生态调查技术规程[M]. 北京: 海洋出版社.

何斌源, 范航清, 王瑁, 等, 2007. 中国红树林湿地物种多样性及其形成[J]. 生态学报, 27(11): 4859-4870.

何明海, 1989. 利用底栖生物监测与评价海洋环境质量[J]. 海洋环境科学(4): 49-54.

胡灯进, 杨顺良, 涂振顺, 2014. 福建典型海岛生态系统评价[M]. 北京: 科学出版社.

黄雅琴, 李荣冠, 王建军, 等, 2010. 湄洲湾潮间带底栖生物多样性[J]. 生物多样性, 18(2): 161-167.

贾林, 2013. 海岛生态风险评价方法及在长兴岛的应用研究[D]. 大连: 大连海事大学.

蒋火华, 朱建平, 梁德华, 等, 1999. 综合污染指数评价与水质类别判定的关系[J]. 中国环境监测(6): 48-64.

金菊良，洪天求，王文圣，2007. 基于熵和 FAHP 的水资源可持续利用模糊综合评价模型[J]. 水力发电学报，26(4)：22-28.
冷悦山，孙书贤，王宗灵，等，2008. 海岛生态环境的脆弱性分析与调控对策[J]. 海岸工程，27(2)：58-64.
黎广钊，梁文，农华琼，等，2004. 涠洲岛珊瑚礁生态环境条件初步研究[J]. 广西科学，11(4)：379-384.
李博，2000. 生态学[M]. 北京：高等教育出版社.
李冠国，范振刚，2011. 海洋生态学[M]. 北京：高等教育出版社.
李国胜，王芳，梁强，等，2003. [J]. 地理学报，58(4)：483-493.
李文涛，张秀梅，2009. 海草场的生态功能[J]. 中国海洋大学学报(自然科学版)，39(5)：933-939.
李元超，黄晖，董志军，等，2008. 珊瑚礁生态修复研究进展[J]. 生态学报，28(10)：5047-5054.
李祚泳，1998. 大区环境质量评价的标度指数法[J]. 中国环境科学，18(5)：433-436.
林和山，陈本清，许德伟，等，2012. 基于 PSR 模型的滨海湿地生态系统健康评价——以辽河三角洲滨海湿地为例[J]. 应用海洋学学报，31(3)：420-428.
吝涛，薛雄志，卢昌义，2007. 网状生态指标体系构建及其指标权重分配方法[J]. 生态学报，27(1)：235-241.
刘阿成，2007. 上海海洋资源综合调查与评价[M]. 上海：同济大学出版社.
刘东艳，韩秋影，2016. 潮间带调查方法与实践[M]. 北京：科学出版社.
刘亮，曹东，吴姗姗，等，2012. 海洋自然资源条件对无居民海岛开发的影响评价[J]. 海洋通报，31(1)：26-31.
刘卫先，2008. 生态法对生态系统整体性的回应[J]. 中国海洋大学学报(社会科学版)(5)：56-60.
刘晓红，李校，彭志杰，2008. 生物多样性计算方法的探讨[J]. 河北林果研究，23(2)：166-168.
刘韫，2009. 生态旅游的可持续性评价模型研究——以九寨沟景区为例[J]. 长江流域资源与环境，18(12)：1103.
柳海鹰，高吉喜，李政海，2001. 土地覆盖及土地利用遥感研究进展[J]. 国土资源遥感(4)：7-12.
楼锡淳，凌勇，元建胜，2008. 海岛[M]. 北京：测绘出版社.
卢彦，廖庆玉，李靖，2011. 岛屿生物地理学理论与保护生物学介绍[J]. 广州环境科学(1)：10-12.
陆书玉，栾胜基，朱坦，2005. 环境影响评价[M]. 北京：高等教育出版社.
罗钰如，1996. 海洋海岛经济必须走可持续发展的道路[J]. 中国渔业经济研究(5)：56-58.
马细霞，马巧花，张坤业，2004. 水利水电规划方案综合优选属性识别模型[J]. 水电能源科学，22(2)：54-56.
孟海涛，陈伟琪，赵晟，等，2007. 生态足迹方法在围填海评价中的应用初探——以厦门西海域为例[J]. 厦门大学学报(自然科学版)(S1)：203-208.
孟伟，2005. 渤海典型海岸带生境退化的监控与诊断研究[D]. 青岛：中国海洋大学.
倪海儿，陆杰华，2002. 舟山渔场渔业资源动态解析[J]. 水产学报，26(5)：428-432.
欧健，卢昌义，2006. 厦门市外来物种入侵现状及其风险评价指标体系[J]. 生态学杂志，25(10)：1240-1244.
秦大唐，蔡博峰，2004. 北京地区生物入侵风险分析 [J]. 环境保护(1)：44-47.

任品德，李涛，李团结，等，2013. 广东川山-阳江海区海岛潮间带表层沉积物粒度特征与沉积环境的关系[J]. 海洋通报，32(2)：164-170.
沈国英，等，2010. 海洋生态学[M]. 北京：科学出版社.
石洪华，郑伟，丁德文，等，2009. 典型海岛生态系统服务及价值评估[J]. 海洋环境科学，28(6)：743-748.
侍茂崇，高郭平，鲍献文，2008. 海洋调查方法导论[M]. 青岛：中国海洋大学出版社.
宋静，王会肖，刘胜娅，2014. 基于ESI模型的经济发展对生态环境压力定量评价[J]. 中国生态农业学报(03)：368-374.
宋延巍，2006. 海岛生态系统健康评价方法及应用[D]. 青岛：中国海洋大学.
孙军，刘东艳，2004. 多样性指数在海洋浮游植物研究中的应用[J]. 海洋学报，26(1)：62-75.
孙玉冰，2010. 舟山群岛的植被覆盖度与景观格局的变化研究[D]. 上海：华东师范大学.
谭晓林，张乔民，1997. 红树林潮滩沉积速率及海平面上升对我国红树林的影响[J]. 海洋通报，16(4)：29-35.
汤萃文，陈银萍，陶玲，等，2010. 森林生物量和净生长量测算方法综述[J]. 干旱区研究，27(6)：939-946.
万本太，徐海根，丁晖，等，2007. 生物多样性综合评价方法研究[J]. 生物多样性，15(1)：97-106.
王宝强，薛俊增，庄骅，等，2011. 洋山港潮间带大型底栖动物群落结构及多样性[J]. 生态学报，31(20)：5865 -5874.
王保栋，陈爱萍，刘峰，2003. 海洋中 Redfield 比值的研究[J]. 海洋科学进展，21(2)：232-235.
王国忠，2001. 南海北部大陆架现代礁源碳酸盐与陆源碎屑的混合沉积作用[J]. 古地理学报，3(2)：47-54.
王莲芬，1987. 层次分析法中排序权数的计算方法[J]. 系统工程理论与实践，7(2)：31-37.
王文森，2007. 变异系数——一个衡量离散程度简单而有用的统计指标[J]. 中国统计(6)：41-42.
王小龙，2006. 海岛生态系统风险评价方法及应用研究[D]. 青岛：中国科学院研究生院(中国科学院海洋研究所).
王颖，季小梅，2011. 中国海陆过渡带—— 海岸海洋环境特征与变化研究[J]. 地理科学(02)：129-135.
王颖，朱大奎，1963. 海岸地貌学现状的初步分析[J]. 南京大学学报(自然科学版)(15)：76-88.
王勇，宗亚杰，陈猛，2003. 用生物多样性指数法评价河流污染程度[J]. 环境保护与循环经济(4)：22-24.
毋瑾超，2013. 海岛生态修复与环境保护[M]. 北京：海洋出版社.
肖佳媚，2007. 基于PSR模型的南麂岛生态系统评价研究[D]. 厦门：厦门大学.
肖乾广，陈维英，1996. 用 NOAA 气象卫星的 AVHRR 遥感资料估算中国的净第一性生产力[J]. 植物生态学报(英文版)(1)：35-39.
谢高地，甄霖，鲁春霞，等，2008. 一个基于专家知识的生态系统服务价值化方法[J]. 自然资源学报，23(5)：911-919.
徐晓群，廖一波，寿鹿，等，2010. 海岛生态退化因素与生态修复探讨[J]. 海洋开发与管理，27(8)：39-42.
徐志文，2016. 海岛生态系统特征及现状评价研究[D]. 上海：上海海洋大学.

薛雄志，斉涛，曹晓海，2004. 海岸带生态安全指标体系研究[J]. 厦门大学学报(自然版)，43(s1)：179-183.

杨京平，2005. 生态工程学导论[M]. 北京：化学工业出版社.

杨梅焕，曹明明，2008. 西安市生态足迹和生态承载力动态测度分析[J]. 西北大学学报(自然科学版)，38(06)：1024-1028.

杨义菊，孙丽，王德刚，等，2011. 无居民海岛开发的时空顺序探讨[J]. 海洋开发与管理，28(11)：5-10.

尹海龙，徐祖信，2008. 河流综合水质评价方法比较研究[J]. 长江流域资源与环境，17(5)：729-729.

尤志杰，鲁建新，刘媛媛，2009. 综合污染指数计算公式的改进[J]. 环境与发展，21(2)：111-112.

于子江，海热提，帕拉提，等，2001. 乌鲁木齐大气环境质量评价模型[J]. 干旱区研究，18(4)：72-75.

余爱莲，邓一兵，桂峰，等，2013. 海岛生态及其压力驱动因子分析[J]. 浙江海洋学院学报(自然科学版)(02)：135-138.

余爱莲，邓一兵，桂峰，等，2014. 海岛生态压力定量评估模型构建[J]. 海洋通报(06)：676-682.

曾志新，罗军，1999. 生物多样性的评价指标和评价标准[J]. 湖南林业科技(2)：26-29.

张红，陈嘉伟，周鹏，2016. 基于改进生态足迹模型的海岛城市土地承载力评价——以舟山市为例[J]. 经济地理(06)：155-160

张先起，刘慧卿，2006. 水资源可持续利用程度评价的投影寻踪模型[J]. 云南水力发电，22(4)：8-12.

张银龙，林鹏，1999. 秋茄红树林土壤酶活性的时空动态[J]. 厦门大学学报(自然科学版)，38(1)：129-136.

张勇，张令，刘风喜，2011. 典型海岛生态安全体系研究[M]. 北京：科学出版社.

张峥，张建文，李寅年，等，1999. 湿地生态评价指标体系[J]. 农业环境科学学报，18(6)：283-285.

张志才，2007. 福建省红树林生态系统的区域功能和建设发展布局研究[D]. 福州：福建农林大学.

章守宇，孙宏超，2017. 海藻场生态系统及其工程学研究进展[J]. 应用生态学报，18 (7) ：1647-1653.

赵江，沈刚，严力蛟，等，2016. 海岛生态系统服务价值评估及其时空变化——以浙江舟山金塘岛为例[J]. 生态学报(23)：7768 -7777.

赵江，沈刚，严力蛟，等，2017. 海岛土地利用与生态系统服务价值变化分析——以浙江舟山册子岛为例[J]. 科技通报(01)：230-234.

赵美霞，余克服，张乔民，2006. 珊瑚礁区的生物多样性及其生态功能[J]. 生态学报，26(1)：186-194.

赵晟，李梦娜，吴常文. 2015，舟山海域生态系统服务能值价值评估[J]. 生态学报(03)：678-685.

赵先贵，马彩虹，赵晶，等，2016. 生态文明视角的陕西省资源环境压力评价[J]. 干旱区资源与环境，30(10)：19-25.

赵迎东，马康，宋新，2010. 围填海对海岸带生境的综含生态影响[J]. 齐鲁渔业，27(8)：56-58.

浙江省海岛资源综合调查编委会，1995. 浙江海岛资源综合调查与研究[M]. 杭州：浙江科学技术出版社.

郑元润，周广胜，2000. 基于 NDVI 的中国天然森林植被净第一性生产力模型[J]. 植物生态学报，24(1)：9-12.

中国海岛志编纂委员会，2014. 中国海岛志：浙江卷[M]. 北京：海洋出版社.

中国海洋统计年鉴编委会，2016. 中国海洋统计年鉴 2015[M]. 北京：海洋出版社.

中国科学院南京地理与湖泊研究所，2006. 太湖流域水污染控制与生态修复的研究与战略思考[J]. 湖泊科学，18(3)：193-198.

朱庆林，郭佩芳，2005. 港口资源基于熵权的多目标决策评价模型[J]. 山东农业大学学报(自然科学版)，36(2)：258-265.

邹仁林，1998. 造礁石珊瑚[J]. 生物学通报(6)：8-11.

BHUYAN P K, SAMANTRAY P, ROUT S P, 2010. Ambient air quality status in Choudwar Area of Cuttack District[J]. International Journal of Environmental Sciences, 1(3): 343-356.

BURKE R, 2002. Hybrid Recommender Systems: Survey and Experiments[J]. User Modeling and User Adapted Interaction, 12(4): 331-370.

CHAPMAN L J, CHAPMAN J P, DAUT R L, 1976. Schizophrenic inability to disattend from strong aspects of meaning[J]. Journal of Abnormal Psychology, 85(1): 35.

DIAMOND J, 2005. Book review: collapse. how societies choose to fail or survive[M]. London: Allen Lane/Penguin.

KHUMBONGMAYUM A D, KHAN M L, TRIPATHI R S, 2005. Sacred groves of Manipur, northeast India: biodiversity value, status and strategies for their conservation[J]. Biodiversity and Conservation, 14(7): 1541-1582.

MACARCHUR R H, WILSON E V, 1963. An equilibrium theory of islandzoogeography[J]. Evolution(17): 373-387.

MACARCHUR R H, WILSON E V, 1967. The theory of island biogeography: Monographies in Population biology, No. 1[M]. Princeton N J: Princeton University Press: 203.

MEA (Millennium Ecosystem Assessment), 2005. Ecosystems and Human Wellbeing: Current State and Trends[M]. Washington, D C: Island Press.

MELILLO J M, CALLAGHAN T V, WOODWARD F I, 1990. Effects on ecosystems[M]//HOUGHTON J T, JENKINS G J, EPHRAUMS J J, et al. Climate change: the IPCC scientific assessment. London: Cambridge University Press: 283-310.

MILLIMAN J D, MÜLLER G, FÖRSTNER U, 1974. part1: Recent Sedimentary Carbonates: Carbonates and the Ocean. Berlin Heidelberg: Springer: 3-15.

ODUM H T, 1988. Self-organization, transformity and information[J]. Science, 242(4882): 1132-1139.

REAKAKUDLA M L, WILSON D E, WILSON E O, 1997. Biodiversity Ⅱ: understanding and protecting our biological resources[M]. Washington, D C: Natwnal Academy Press.

REDDY M K, RAMA RAO K G, RAMMOHAN RAO I, 2004. Air Quality Status of Visakhapatnam (India) - Indices Basis[J]. Environmental Monitoring and Assessment, 95(1): 1-12.

REE W E, 1992. Ecological footprint and appropriated carrying capacity: What urban economies leaves out[J]. Environment and Urbanization, 4(2): 121-130.

TANSLEY A G, 1935. The use and abuse of vegetational concepts and terms[J]. Ecology, 16(3): 284-307.

WACKERNAGEL M, REES W, 1996. Our ecological footprint: Reducing human impact on the earth[M]. Gabriola Island: New Society Publishers.

WHITTAKER R J, 1998. Island biogeography: ecology, evolution, and conservation Oxford[M]. Oxford1/New York: Oxford University Press.